日本の死角

なぜこの国の防衛基盤はかくも脆弱なのか

常磐大学教授
樋口恒晴

ビジネス社

まえがき

令和四年（二〇二二年）末、日本政府は新たな防衛力整備方針に関する三文書を決定しました。しかしこの計画どおり達成されたとしても日本の防衛は十分ではありません。なぜなら喫緊の外交的課題である台湾有事を想定した先島諸島防衛以上のことを、日本政府は考慮していないからです。

近代兵器の行動半径や運動性能、警戒圏や攻撃圏について知っていれば先島諸島と台湾は同じ戦区だということがわかります。したがって、中国の攻略は先島が先か台湾が先かという議論じたいが無意味。それよりも、現在のロシアによるウクライナ侵攻作戦です。

これは「大国と小国の武力紛争」ですが、小国の敗北に終わらない限り外交的には大国の敗北であると判定されます。しかしそれで大国が滅ぶわけではありません。日露戦争について想起してください。大国ロシアに対して小国日本の「勝利」で一応は終結した戦争です。その後ロシアは第一次世界大戦や革命の動乱があってしばらくの間は日本に対する顕著な軍事的脅威とは認識されませんでした。しかし地政学的な意味でのロシア帝国は、ソ連共産主義帝国という形で再興しました。

つまり、ウクライナが一応勝ったと見なされる程度の決着であれば、ロシアは遠からず再興するということです。政治体制が変わっても、地政学的な意味でのロシア帝国は、分割されない限りいずれは再興します。仮に中国が一九世紀半ばにロシアが清から奪取した沿海州や黒竜江以北の土地を奪い返すとしても、それは北方の脅威がロシアから中国に代わるだけです。すなわち、北海道への脅威は、外交的展望として短期的には減殺されても、軍事的展望である中長期的には復活すると考えなくてはなりません。

しかも、侵略政策を発動するならば防衛側である日本の戦力を分散させるのが常道です。つまり、日本の正しい防衛政策は台湾・先島有事と北海道有事が同時に勃発する可能性を考慮しなくてはなりません。ロシアは当面ウクライナに足を取られて北海道まで手が伸ばせないと油断するのではなく、ウクライナ戦役後を心配しなくてはならないのです。したがって、一時的に北海道の防衛力を削減するとしても、短期で回復できるよう準備しなくてはなりません。たとえば、戦車や大砲やロケット砲車などは、引退後も保管するべきであり、廃棄してはなりません。

多くの日本人が誤解していますが、日本はいまだに防衛力を持っていません。自衛隊は準備組織として始まり、役立つ防衛力として育成される前に冷戦が終わり、さらに弱体化させられていったというのが事実です。スポーツ界では当たり前に整えられている環境・体制が自衛隊にはない。ですから必要な論点は、防衛力強化ではなく、防衛力の準備組織である自衛隊を防衛力に発展させるために何が必要かということです。

そのためには、防衛を防衛省・自衛隊に丸投げするのではなく、省庁横断でインフラやロジスティックスなどバックグラウンドの整備こそ着手する必要があるのです。日本列島の防衛基盤の欠如こそ他国の侵略を許す「日本の死角」だからです。

本書では、そうした観点からロジックおよび規格まで多岐に渡り論じます。

樋口　恒晴

日本の死角——なぜこの国の防衛基盤はかくも脆弱なのか

目次

第1章 あるべき陸軍

第3章 あるべき空軍

第4章 陸・海・空、共通の問題

特別鼎談　防衛力を高める〝日本列島改造〟が一冊でわかる!

江崎道朗・倉山満・樋口恒晴

序章

なぜ日本の防衛基盤はかくも脆弱なのか

日本を蝕む官僚の五つの暴論

日本では軍事に関しておかしな議論がまかり通っています。軍事的合理性をまったく無視していたり、意味不明であったり、そもそも前提が間違っていたりして、まともな議論がなかなかできない状況です。

まずは、おかしな主張に惑わされないよう、よくある「暴論」をいくつか挙げていきます。

> 暴論1
> 法制度を改善すれば抑止力が向上し、防衛予算を増額しなくていい

骨抜きにされた有事関連法案

日本政府は小泉内閣、安倍内閣のもとで安全保障関連の法整備をしてきました。

右記の暴論は安倍晋三元総理がよく口にしていたものです。しかし、日本に攻めてくる可能性が少しでもある国とは、どこでしょうか。中国・ロシア・北朝鮮はいずれも日本人が思うよ

うな近代的な法治国家ではありません。「法」の概念があったとしても韓非子的な法治主義であり、彼の国では、法制とは民心を欺瞞する擬制あるいは権力の道具でしかなく、法よりも権力者や軍のほうが上にあるのです。

日本が法制を整えたところで対処能力の向上には役立っても、抑止力にはまったく結びつきません。相手の心理になんらかの影響を与えてはじめて抑止することができる。独裁国家に限らず、各国の指導者が見ているのは、法制ではなく我が国が実際に保有する軍事力だけです。しかも日本の場合は、法整備によって自国の「対処能力」が向上してるかどうかすらも実は怪しい。

二〇〇四年に定められた有事関連七法の一つである「特定公共施設利用法」は日本が武力攻撃を受けるか、受けそうになり、自衛隊が防衛出動する事態が迫ったときに適応される法律です。この法律によって有事に自衛隊やアメリカ軍が日本国内の空港・港湾・道路や電波周波数を優先的に使用できることになりました。

というのは建前です。二〇一九年、普天間飛行場代替施設では確保されない長い滑走路を用いた活動のための緊急時における民間施設の使用の改善に関して岩屋防衛大臣はこう発言しています。「事態に応じて調整をして確保をするということになるわけでございますから、どこかに決まっているということではございません」（二〇一九年三月四日参議院予算委員会）。つまり、あらかじめ省庁間で調整しておらず、事態が起きてからはじめて「調整」しはじめるのです。「平時から準備しない」ことを正当化するための法律にすぎない。

有事関連法の原案を作成した人たちは日本の国防を考えて事前に準備できるように法を発案・推進したのですが、結局、霞が関の官僚たちに骨抜きにされてしまいました。結果として、ないよりはマシという程度で、それで日本が安全になったと言える代物ではありません。

国民保護法も同様です。同法は、正式には「武力攻撃事態等における国民の保護のための措置に関する法律」といい、武力攻撃事態等において、武力攻撃から国民の生命、身体及び財産を保護し、国民生活等に及ぼす影響を最小にするための、国・地方公共団体等の責務、避難・救援・武力攻撃災害への対処等の措置が規定されています（内閣官房国民保護ポータルサイトより https://www.kokuminhogo.go.jp/gaiyou/kokuminhogoho.html）。

国民保護法は二〇〇四年に成立しました。その第一五〇条に「避難施設に関する調査及び研究」について書いてあります。

第一五〇条

政府は、武力攻撃災害から人の生命及び身体を保護するために必要な機能を備えた避難施設に関する調査及び研究を行うとともに、その整備の促進に努めなければならない。

しかし実際には防空壕などの避難施設に関する調査も研究も整備の促進もなされていませ

ん。既存の施設を「緊急一時避難施設」と名づけ、適当に指定しているだけです。

たとえば二〇二二年五月二七日、東京都のサイトに地下鉄の駅一〇五カ所（都営地下鉄五五施設、東京メトロ五〇施設）が「緊急一時避難施設」に指定されました（https://www.metro.tokyo.lg.jp/tosei/hodohappyo/press/2022/05/27/17.html）。しかし、地下鉄の駅が最初からシェルターとして使うことを考えて建設されているわけではないので、脆弱なところに狙いをつけられたら、ひとたまりもありません。「緊急一時避難施設」に指定さえすれば、急に施設が頑丈になるなどということはないわけで、やたらに指定するだけでは国民保護の役に立たないのです。

いずれにしても、せっかく法整備しても実行が伴わないのでは何にもなりません。特定公共施設利用法は官僚に骨抜きにされ、国民保護法は実行しないままに放置されているのと同然。したがって法制度を改善すれば防衛予算を減らしてもいいなどというのはまったくのウソです。

日本人が知らない「民間防衛」

国民保護法に関連して、もう一つ触れておきたい点は「民間防衛」の標章についてです。

国民保護法第一五八条は「特殊標章等の交付等」について定めています。

写真1を見てください。フィンランドのタンペレ駅地下の防空壕入り口で、オレンジ地に青

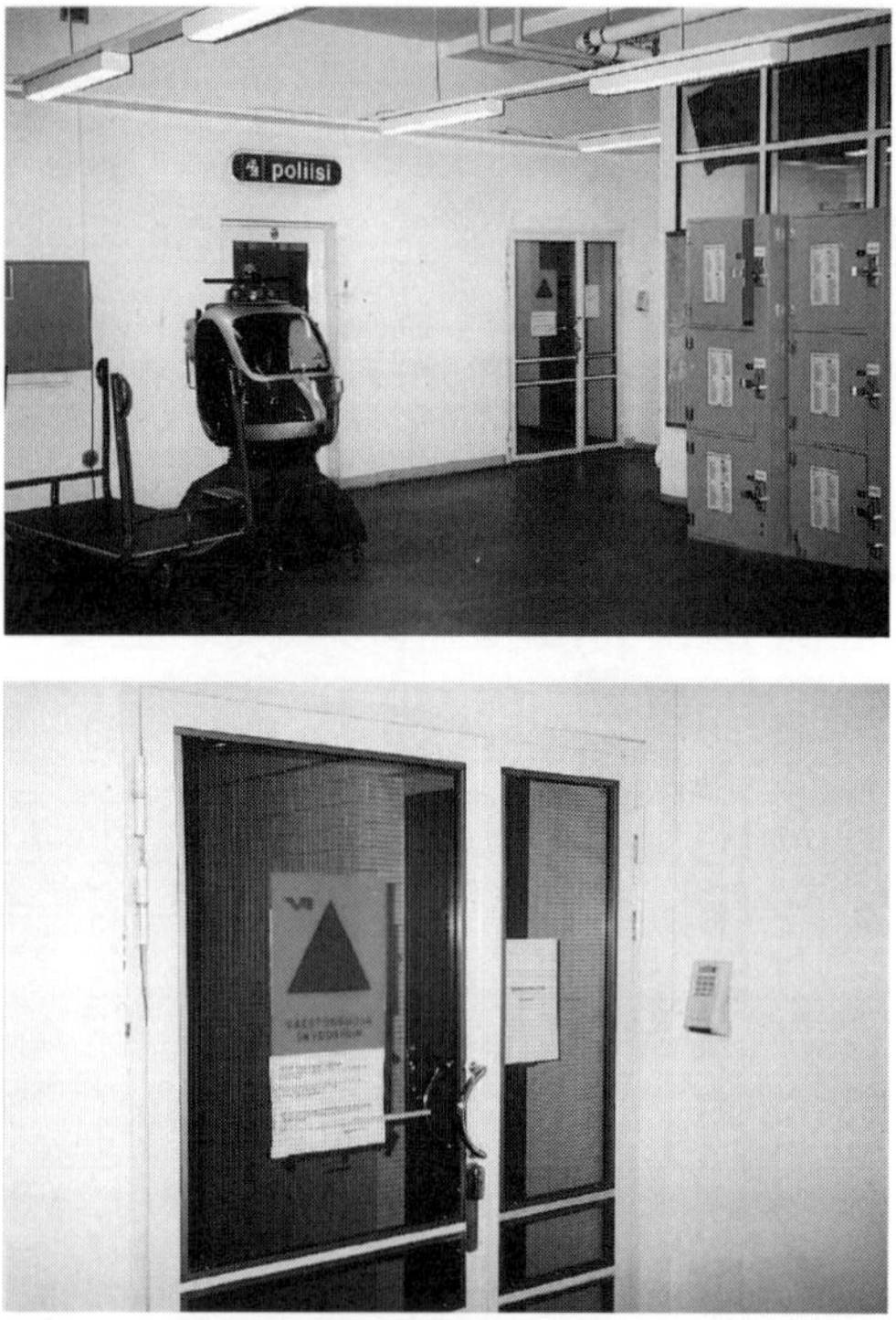

写真1　フィンランド・タンペレ駅地下の防空壕入り口。国際民間防衛標章がよく見える。警察署（または駐在所）の隣。恐らく警察が管理している。（2001年9月5日）

い正三角形のマークがジュネーブ第一追加議定書　第六六条第四項に定められている「国際民間防衛標章」です。警察署（または駐在所）の隣ですから、警察が管理しているのでしょう。防空壕など民間防衛施設があることを示す標章ですが、日本人でこれを知っている人はどのくらいいるでしょうか。

日本政府は本来これを全国民に周知する義務があるのですが、それを怠っています。標識だけでなく、そもそも民間防衛とは何なのか、その周知も行き届いているとは言えません。

ウクライナ紛争で民兵が活躍しているのを見て、あれが民間防衛だと思っている人がいますが、違います。民間防衛とは、平たく言うと戦時の消防を中心とする人道活動です。武力紛争などの緊急時に国民の生命や生活を守り、救助の手を差し伸べ、すみやかに復旧させ、被害を最小限度に留めることを目的とした活動です。武器を取って戦う組織ではありません。もちろん保護される文民自身の参加協力がなくては成り立ちません。

写真2を見てください。シンガポールでは平時から消防車が「民間防衛（Civil Defence）」を

写真2　シンガポールの民間防衛

写真上・中：シンガポール民間防衛力（消防車）国民日パレード統合リハーサル。写真下：シンガポールの消防車両

掲げて走っています。

警察は、敵と戦わない部隊だけが民間防衛の組織とみなされます。そして、拳銃だけは戦闘用火器とはみなされません。ただし、隠し持っていてはいけません。制服警官がホルスターに入れて拳銃を持っている分には民間防衛の範囲ですが、私服警官が拳銃をもっていたらスパイかテロリストと見なされても文句は言えません。

ところで、このような民間防衛つまり消防関連で忘れてはならないことがあります。大規模災害があれば、武力攻撃災害であっても自然災害であっても、地形は破壊されます。ですから、救急車など消防や救護に必要な車両は四輪駆動（4WD）にするべきでしょう。ついでに、陸上自衛隊の現有装備で、消防機関（消防署や消防団）でも装備し得ると考えられるものの例を並べてみましょう（上図）。

図表　自衛隊装備で消防機関でも装備可能なものの例

携帯気象計	宿営用天幕	野外洗濯セット	化学剤監視装置
浄水セット	業務用天幕（一般用）	野外入浴セット	除染車
水タンク車	人命救助システム	ガス検知器	携帯除染器
燃料タンク車	野外手術システム	化学剤検知器	除染装置
冷凍冷蔵車	業務用天幕（病院用）	ＣＲ警報器	線量計
野外炊具	パネル橋	生物剤警報器	生物剤対処衛生ユニット

「民間防衛」と「民兵」は別物

民間防衛が国民に周知されていることで有名なスイスでは法務省が住民と国土を戦争・災害から守るためにマニュアルを作成していました（一九六九年～冷戦末まで）。日本でも、その翻訳『民間防衛―あらゆる危険から身をまもる』（原書房、新装版二〇〇三年）が出版されています。この本に書いてあることはまぎれもなく民間防衛です。

「民間防衛」に関心を持ち、本書を手に取ったことがある人もいるのではないでしょうか。そして、民兵の戦い方のようなものをイメージしていたら、そこで「アレっ？」と思うでしょう。守り方、救助の方法などが書いてありますが、戦い方は一切ありません。そのかわり核爆弾を落とされた場合や「占領下の生活」についてまで書いてあります。抵抗運動が組織化され、解放戦争が開始されるから一般国民は耐えて待て！　とも。これが赤十字条約の想定している民間防衛の基本なのです。

現在ロシアと戦っているウクライナ郷土防衛隊は、領土防衛隊という翻訳が多いですが、郷土防衛隊と訳するほうが適当だと思います。内務省麾下の組織で行政指揮権を州知事が持っていて、全国を五つのテリトリーに分けて部隊が担任しています。その「テリトリー」を「領土」と訳する人が多いのです。

北朝鮮と境を接する韓国の「民防衛」もジュネーブ条約基準の民間防衛団体ではありませ

ん。そのためオレンジ地に青い三角の国際標章とは異なる印をつけています（写真3参照）。

国際条約で定められた民間防衛マークをつけた組織は、戦闘など害敵行動を取ってはいけません。戦わないから保護される対象（＝意図的な攻撃対象にしてはいけない組織）となり、敵軍もこれを考慮しなければならないという取り決めです。それが基本・入門編であり、ウクライナ郷土防衛隊や韓国民防衛はいわば応用編です。

写真3　韓国の民間防衛マーク（防災ミサイル研究所「ミサイル着弾想定避難訓練　武力攻撃に備える　韓国の民防衛・山村武彦現地調査写真レポート」）

本来、民間防衛と民兵はまったく違うものですが、それは敵が国際法を守っていればの話です。ロシアや中国、北朝鮮のような国際法を守らない国であれば民兵が郷土防衛隊となって戦いながら民間防衛に携わらざるをえなくなってしまう。まったく違うはずのものが、現実世界では一緒になっていることが多く、わかりにくいのです。

日本も国際法を守らない周辺国に囲まれていますので、応用編のほうも大いに参考にすべきですが、その場合も、まず基本をおさえた上で応用に行かないといけません。

かつて一九五〇年代には防衛庁は郷土防衛隊構想を掲げていました。都道府県単位で設置される民兵隊で、敵に対する防御戦闘にあたるとともに住民避難等にも活躍することが期待されていました。しかし自民党とくに旧自由党系には陸上部隊の増員に否定的な人たちが多く、形を変えたりしているうちに、潰れていき、そのうち話そのものがなくなってしまいました。

敵が国際人道法を守る気があるならば、民間人は軍隊とは同じ場所にいるのを避け、軍隊への攻撃に民間人が巻き添えになるのを予防しなくてはなりません。しかし人道法を一顧だにしない敵（日本を侵略し得る国はすべて）を相手にする場合、軍隊は民間人を守りながら戦うしかない。そのような状況を想定した防衛構想では郷土防衛隊は有効です。

かりに日本が郷土防衛隊を組織したらどうなったかを考えてみました。結論からいうと、軍事訓練の予算もロクに与えられず、都道府県知事から便利な雑用係としてこき使われて終わるでしょう。当時は右翼的な団体になることを危惧する人々もいましたが、取り越し苦労で、自衛隊以上に形骸化して、かわいそうな状況に陥ったと思います。

ロシア相手にがんばっているウクライナを見て、日本にも郷土防衛隊を作ってはどうかのような議論が散見されますが、そうしたとしてもうやむやになって終わってしまうでしょう。ですから、憲法の抜本的な改正が行えない以上、正規部隊を増やすことを考えたほうが建設的です。

何もしないことを正当化する呪文

暴論2
優先順位にメリハリをつけるべきだ

財務省（あるいはその影響を受けた政治家・言論人）は防衛予算の請求にあたって優先順位をつけさせようとします。もっともらしいですが、これがクセモノ。これを言う人がいたら、その人は優先事項を知りたいわけではなく、予算を削減するためのレトリックとして言っているのだと思っていいでしょう。

優先順位をつけると、最優先の要求以外はなかったことにされてしまいます。政治家には防衛上の問題点は伝わらず、優先的に要求されたことも大幅に削られます。そんなことが繰り返され、結果として山積みになった諸問題が永続的に放置されているというのが現状です。総額がそもそも足りないのです。すべて認めてもらって、そこから優先順位をつけるのが正常な手順です。しかし、最初に優先順位をつけさせられて、優先とされなかったものはただただ削られるので、少ない予算を自衛隊内で奪い合う「共食い」がはじまります。

つまり、「優先順位うんぬん」は官僚による「分割統治」の手段でもあるのです。陸・海・空で争わせる。さらに同じ陸上自衛隊内でも特に重装備を必要とする部隊間で争わせる。例えば大砲か戦車か対空ミサイルか、といった具合です。自衛隊がそれにのせられて内部で「共食い」すれば組織の劣化が進むだけです。

ですから何か最優先の課題があるかと問われたら、「予算の総枠を大幅に増やせ」以外は言ってはいけないのです。この質問にまじめに答えるとバカを見ます。予算が余ってムダばかりの部門ならダイエットも必要ですが、慢性的予算不足の自衛隊にこの措置を加えては、栄養失調の患者に断食を強いるようなもので、患者は確実に死にます。「優先順位にメリハリをつけるべきだ」は、結果として何もしないことの正当化にしかなりません。

アメリカの外圧を使って首相を脅す財務省

財務省は大蔵省時代からいかに予算を削ろうかと手ぐすねを引いて待っています。財務省が予算を削りたがるのは防衛費に限りませんが、まとまった大きい額の案件が多いので削りがいがある。

平時だけではなく、有事になっても金を出し渋る魂胆です。民間人保護のための「国民保護法」ですが、その第七章は予算措置について書いてあります。武力攻撃災害時の住民避難や被災民救援、社会資本復旧などの予算は、原則として地方自治体が負担し、政府は補助するかも知れないというだけの規定です。武力攻撃災害という国家国民全体の問題を地域の問題に矮小化する制度設計なのです。

一方、アメリカは日本にもっとしっかり防衛力をつけてほしいと望んでいます。在日アメリカ軍基地の防衛は最低限ですが、それすら心もとない。戦後しばらく、日米間の軍事関連の合意は国内的に不人気で、アメリカの外圧に日本政府が屈している図は、アメリカに対する嫌悪感を醸成するもとでもありました。そして、政府は「反米感情」を口実に軍事努力を怠ってきた。今ではかつてほど反米左翼の勢いは強くありませんが、その構造は変わっていません。

財務省にとって、防衛力整備問題は、対米交渉カードの一枚にすぎず、我が国への潜在的・顕在的な脅威に対応する必要から防衛費の規模を決定するという考えはない。

国策としての国防政策を考えるべき政府はアメリカと財務省の板挟み。一定の防衛費を財務省に認めてもらうことには時の政府の命運がかかっています。財務省は、いわば「拒否権」を持っていて、その強い力を利用して、政府に要求をのませてきたのです。あるいは要らなくなった政権を退陣に追い込んできた。

財務省が防衛政策を歪める構造について詳しくは拙著『幻の防衛道路　官僚支配の「防衛政策」』（かや書房、二〇〇七年）を参照してください。

暴論3

日本には「特殊事情」があって……

日本の「特殊事情」とは何でしょうか。

ふつう軍事の話で国の特殊性が語られるときは、まず地理的な条件のことを指します。日本のように南北に細長い島国であれば、戦略機動は主に船によるしかないとか、太平洋岸から日本海岸への部隊移動にはどうしても陸路を行かなければならないが、そのための移動経路をどうするとか等々です。

しかし、一般的に防衛問題について「日本の特殊事情」といえば憲法論・法律論を指します。憲法にこう書いてあるとか、その解釈がどうだとか、軍事的合理性とはまったくかけ離れたところで縛りがある。それではまっとうな国防の議論などできません。

永田町や霞が関は軍事論を法的・行政的都合によって攪乱しようとします。憲法解釈論をもてあそびながら、自分たちの都合を押しつけてくるのです。彼らは「日本の特殊事情」などと言っていますが、ごまかされないようにしましょう。

暴論4
電子情報技術の進歩により重装備は不要になった

冷戦後、世界的に軽装備部隊が重視されるようになりました。東西冷戦期のように大国同士が正面衝突するかもしれないという危機感が薄れ、NATO（北大西洋条約機構）諸国でも領域防衛より国連の平和維持活動（いわゆるPKO）、あるいは旧ユーゴスラビアをめぐる紛争の対処などの治安活動に重点が移りました。

治安維持活動なら軽装備部隊が主力です。しかし、NATO諸国と日本では置かれている状況が違います。地理的にも、近隣諸国の性質も。

電子情報技術はたしかに進歩しています。しかし、それが重装備の意義が低下する根拠になるというのは解せません。どこの国でも電子情報技術を重装備に適用している。新型の電子機器が積み込まれ、重装備はパワーアップしているのです。兵器はどんどん高度に進化していきます。高くなることはあっても安くなるとは思えません。日本だけが効率化して経費節減できるようになるなどということはありえないのです。

暴論5
米軍の対日要求に従って軍拡すると日本が軍国主義になる

日本が軍事国家になってしまうことを恐れている人がいますが、日本の現状を知らなさすぎです。前述のように米軍は日本が弱すぎて困るから、せめて在日米軍施設を警備・防備できるだけの実力は備えてほしいと言っているだけです。日本に対してあまり強く軍拡を求めないグループでも、実情をわかっている人たちなら、最低限の要求です。そして日米安保条約における最低限の義務でもあります。

ちょっとやそっと防衛予算を増やしたところで軍事大国にはなれません。幼稚園児が大学に合格するより難しい。日本が軍国主義になることを恐れている人は、赤ん坊が医学部に入ったら学費が大変だと心配するようなもので、レベルが違いすぎます。

巷でよく聞かれる暴論について見てきました。防衛力・防衛予算を減らすために敵はあの手この手で攻めてきますが、だまされないようにしましょう。

「戦力外通告」状態の自衛隊

『防衛白書』から国際比較が消えた

軍国主義になることを心配している人は、現実を知らないのでしょう。

自衛隊の戦力が、どの程度お話にならないかというと、諸外国と比較ができなくなるほどです。

かつて『防衛白書』には主要各国の師団・旅団との比較ができるように一個師団の人数や戦車、装甲車、大砲の数の比較表が載っていましたが、一九八四年（昭和五九年）版以降、なくなってしまいました。つまり、そのころからは諸外国と肩を並べようと編制を考えることからも逃げてしまったのです。それ以後、「すでに強いんです」「現状で間に合っています」という路線をひた走っています。

軍隊の仕事にはいろいろありますが、必ずしも戦う任務ばかりではありません。国連の平和維持活動などは治安維持任務が多い。そういう活動を「抑制的任務」といいます。

米軍は抑制的任務から帰ってきた隊員には、まず思いっきり弾丸を撃たせます。敵に向かった戦闘部隊の隊員は、ある程度条件反射で銃弾を撃てなければいけません。しかし、抑制的任務では基本的に「戦闘」をしないため、ある種、別モードに入って調子が狂ってしまう。だから帰ってきたら十分に射撃訓練をして戦闘部隊に必要な条件反射を回復させるのです。いわば「戦闘モード」に戻すためのリハビリです。

ところが自衛隊の場合は逆に、国連平和維持活動に参加する隊員が出発前に平素よりは多くの銃弾を撃たせてもらえる。それだけ普段から射撃をしていないということです。まして「条件反射的に撃つ」などという訓練はまったくしていません。

標的を慎重に狙って撃つというのは基礎訓練。もちろん的に当てることも大事ですが、実際の戦いでは応用をきかせないといけません。敵のいそうなところに制圧射撃を加えていくとか。つまり、敵がいるかどうかわからないところで、いるかもしれない敵の目をくらませるために二、三発ずつ連射しながら、「だるまさんが転んだ」のような動きで、物陰に隠れながら徐々に前進していく。「だるまさんが転んだ」は子どもの遊びですが、あれは陸軍の歩兵の動作の基本でもあります。

日本の自衛隊は標的を狙って撃つ以上の訓練をほとんどしていません。陸自でさえその程度ですから、海自、空自はもっとひどい。三年に一度しか射撃訓練をさせてもらえないそうです。

通常の射撃訓練でそれです。手榴弾はふつうの国なら基本的な兵器です。陸軍の新兵が実弾のピンを抜いて安全に投擲することに慣れるよう訓練するのは必須です。しかし自衛隊は別です。手榴弾の使用方法は教わるにしても実弾は使わない。空挺団や特殊作戦群など、ごく一部の部隊以外の隊員は本物の手榴弾を投げたことがありません。ふつうの国の軍隊では基礎中の基礎の訓練なのですが、安全管理上うんぬんと言って自衛隊では行っていない。それくらい訓練していないのです。爆発物ですから、たしかに危ないですが、訓練していなかったらもっと危険。慣れていないと、手が固まってしまったりして、最悪の場合、自分も仲間も死んでしまいます。

アメリカ軍の自動小銃取り扱い説明書の冒頭には、My Rifle – The Creed of a United States Marine（私のライフル――アメリカ海兵隊の信条）という、ある種、神がかった詩が載っています。「私のライフルは親友であり人生である。人生に精通するようにライフルに精通しなければならない」（My rifle is my best friend. It is my life. I must master it as I must master my life）というたい、ライフルを我が身のように大切にすることを神に誓っています。海兵隊大学校（Marine Corps University）のサイトに出ています（MARINE'S RIFLE CREED https://www.usmcu.edu/Research/Marine-Corps-History-Division/Frequently-Requested-Topics/Marines-Rifle-Creed/）

多くの国の新兵教育で銃の感覚を体に覚えさせるために小銃を抱いて寝ます。野球選手がバットを抱いて寝るようなものです。しかし、これも安全管理上問題があるとかで、自衛隊ではできません。何か事故が起きるといけないと気にしているのです。

また、戦前の日本陸軍では戦車兵が戦車の中で寝る訓練などを行っていました。それによって、あの狭苦しいところでも、うまく場所を使って寝るようになり、たとえ寝ぼけていても危険箇所に頭をぶつけないようになります。戦車は性能重視で一般の乗り物のように快適にできていません。機材むき出しでゴツゴツしていて、慣れておかないと危ないのです。

しかし、今の自衛隊で戦車内で仮眠をとる訓練など基礎訓練でやっていないようです。安全管理は大事ですが、武装組織なのですから訓練を妨げるような基準を設けるのは行き過ぎです。

現代の戦争から学ばない自衛隊

組織は実情に合わせて常に変化していかなければなりません。軍隊も同じ。永遠不変の理論などはなく、各国とも常に戦争・紛争から教訓を得て、組織変革しているのです。しかし日本では湾岸戦争以降、戦訓が組織論に影響を与えたことがない。それまではあったのかと聞かれると、それも心もとないのですが、少なくとも戦訓から学ぼうという姿勢はありました。

世界の主要国の現代の軍隊編制に決定的な影響を与えたのは一九七三年の第四次中東戦争であることをご存知でしょうか？

第三次中東戦争は、イスラエルがアラブ側に圧勝し、イスラエルはアラブの戦力を軽く見ていました。ところが第四次中東戦争ではアラブ側が善戦し、最終的にイスラエルの勝利となりましたが、イスラエルの不敗神話は崩れた。この戦争では新兵器が大量に投入され、各国の後の兵器開発や編制に影響を与えることとなったのです。

アメリカ軍は一九八六年に新たな編制を整え、ドイツやイギリスも同じ時期に軍の改編を行っています。

日本の自衛隊も第四次中東戦争の戦訓にもとづいた改編を行おうとしました。しかし予算不足で挫折。かつて第一次大戦の戦訓にもとづく改編を旧陸軍ができなくなって、どんどん時代遅れになっていったのと同じ状況です。

ただ、戦訓を踏まえた改編を否定されてもなお、一九八〇年代初頭までは米軍や西ドイツ軍同様に改編したいという勢力が自衛隊内には残っていました。しかし、彼らも八〇年代なかばにどんどんパージされてしまった。

冷戦期には毎年、防衛出動命令発令後二四時間以内にすべて引き払って駐屯地を後にする「応急出動訓練」を実施していました。そんな緊張感も過去のものになりました。

そして、一九九一年に湾岸戦争が起きますが、その頃にはもう「アメリカについていけば安全だ。独力防衛なんか考えなくていい。陸上自衛隊はPKOや災害派遣だけやっていればいいんだ」と、敵と戦うための組織論を主張しない人々が出世頭になっていきました。

平成七年（一九九五年）一一月に政府が「平成８年度以降に係る防衛計画の大綱について」

を決定した際、官房長官は「我が国の姿勢として、限定小規模侵略独力対処という考え方を強調することは適切ではないと考え、『新防衛大綱』においてはかかる表現は踏襲しないことといした」という談話を発表しました。つまり従前の、敵が小規模なら独力対処できる体制を目指すという方針を捨てたのです。アメリカにおんぶどころか抱っこまで決め込んだ。

では、いざというときに本当にアメリカ軍が守ってくれるのでしょうか。日本の某シンクタンクの研究員から聞いた話。彼はアメリカ国防総省に研修に行った際に「尖閣諸島有事の際には、まず最初に自衛隊にまとまった数の戦死者が出ないと、米軍を派遣するというのは政治的に困難だ」と言われたそうです。

ウクライナ紛争を見ても、ウクライナの踏ん張りがなければ欧米の本格援助はなかったでしょう。日米安保条約があるとはいえ、基本的に自分の国は自分で守る、その気構えがなければ、アメリカも助けてはくれません。同盟国が同盟国を軍事援助するのは、援助した場合に勝ち目があると判断したときだけです。

自衛隊を弱体化させた安倍内閣

では、一九九〇年代以降の日本はどうなったのか。二〇〇〇年代半ばおよび二〇一〇年代のほとんどの期間で首相を務めた安倍晋三氏は日本の安全保障のために尽力した人とされています。しかし安倍内閣の時代に、さぞかし自衛隊が強くなったと思ったら、大間違いです。

安倍氏は若干の法改正を行ったり、外交的なパフォーマンスをそこそこうまくやりました。しかし、憲政史上最長となった安倍内閣で自衛隊はますます弱体化してしまいました。

そもそも防衛力が外国と比べて強いか弱いかは相対的な問題です。防衛費の伸び率が近隣各国より低ければ、無条件に、防衛力を低下させたと評価するのが正しいのです。

そして日本の安全保障政策や防衛力の規模を中長期的に定める指針を「防衛計画の大綱」と言いますが、とくに第二次安倍内閣のときの防衛計画の大綱などを見ると、国防部隊から「警備部隊」に格下げしたも同然です。特に陸上自衛隊の重装備を大幅に減じました。ですから初動で現場に到達するべき軽装備部隊（戦域間機動力は良いが戦場内機動力は劣悪）はそこそこあっても、反転攻勢の主力になるべき重装備部隊（戦域間機動力は悪いが戦場内機動力に優れる）は徹底的に減らされました。本州では一般の師団や旅団は重装備を持たず、戦車や大砲は富士学校のみが装備するということになった。また、海上自衛隊の護衛艦もＦＦＭという高脅威下での作戦には不向きなものを大量生産するようになりました。

その上で憲法上問題ないと画定したかったのでしょう。そんなことでは再軍備など永遠にできません。

いちおう国防部隊という建前ですが、安倍内閣の施行した実際の装備や編制を見ると、単に警備さえできればいい、初動さえできればいいという体制です。どんどん継戦能力を度外視した組織にしています。

「初動」だけしかできないということは、いったん敵が国土に侵入され、そこで勝つことができなかったら、占領された土地を奪還する能力はないということです。「そんな事態にはならない」「そんな必要はない」と、どうしたらそんな希望的観測を持つことができるのか不思議ですが、とにかく日本は国土奪還能力を捨ててしまっているのです。

軽装備部隊をいくら持っても奪還作戦はできません。巻き返しは重装備部隊中心でないと無理です。しかし安倍内閣では戦車を大幅に減らす計画を立てました。冷戦末期の最盛期一二〇〇両だった戦車を三〇〇両にまで減らそうとしています。安倍内閣以前から減らしていましたが、本州の師団・旅団は戦車も大砲も持たないなど、そこまで部隊編制から弱体化させたのは安倍内閣です。戦車や大砲を減らして反転攻勢も何もありません。防衛を重視したイメージのある安倍晋三氏ですが、実際にはむしろ徹底的に弱体化を進めていました。

陸戦兵器というのは基本的に頑丈にできているものですから、しっかりとオーバーホールして電子機器さえ取り替えていれば長く使える。それなのに引退させる。戦車一台をスクラップにするのに一〇〇〇万円以上かかります。後述しますが、そんなことをするぐらいなら、もっと有効な金の使い方がいくらでもあります。

一事が万事、そんな調子。おそらく安倍元首相は「これで強いんだ」と誰かに吹き込まれていたに違いありません。

軍隊には重層性・冗長性が必要

どんな組織でも効率がいいに越したことはありません。しかし、軍隊に限っては重層性・冗長性が必要で、ある種のムダ、非効率のように見えるようなものが軍事的には有効となる場合が多いのです。

部隊は損害を出しながら、血を流しながら戦い続けなくてはなりません。重点主義で特定機能に特化しすぎると、それがうまくいかなかった場合、次に打つ手がなくなってしまいます。しかも敵軍はこちらを観察している。重点主義とは、裏返せば重点ではない部分を〝弱み〟としてさらけ出すということなのです。

たとえば冷戦期にあった「水際《すいさい》撃滅」論のような洋上阻止一辺倒では、敵が上陸してしまえば即時に敗北が確定する。そんな体制では「犠牲を恐れずに上陸しさえすれば勝ちだ」と敵は考えるでしょう。これでは侵略を誘っているようなもの。したがって上陸後に巻き返す体制も絶対に必要なのです。

「下士官は現在の戦争に備え、将校は将来の戦争に備えるものである」と言われますが、軍事組織を率いる人の心得として、将来に備えることも大事です。軍事組織の改変には、装備調達や訓練を考えると一〇年はかかる。一方、国際情勢は数年で激変してしまうことが珍しくない。そのことを前提に余裕のある体制を整えておかなければなりません。

つまり、予測困難ないろいろな状況に対応できる伸び代を常に維持しておかなければならないのです。

自衛隊は軍隊ではなく「準軍隊」

自衛隊は国際的には軍隊とみなされていますが、ふつうの国の正規軍に該当するものとは言い難い。国際法の規定する武装部隊（armed forces：広義の軍隊）には該当していますが、いわゆる軍隊（military：国際常識に適った正規軍）とは言いがたいものです。

そもそも自衛隊は再軍備のための準備組織として作られたものです。創生期の人はわかっていましたが、あまりにも長く「準備組織」段階が続いてしまったため、途中でそのことが忘れ去られてしまいました。とくに戦後創設された防衛大学卒業生が幹部に昇進してきた時代以降は、「自衛隊は準備組織であって完成したものではない」という意識が自衛隊内部でもなくなっていきました。永田町の政治家にいたっては、そんなことはとっくの昔に、きれいさっぱり忘れてしまっています。

自衛隊の縛りを解くべくなんとかしようという動きもあるにはあります。

たとえば、「してよい」ことを列挙する許可事項列挙型（ポジティブリスト）から、「してはいけない」ことを定める禁止事項列挙型（ネガティブリスト）にして、それ以外のことはＯＫとするようにしなければならない。もちろんその通り。

しかし、もう一つ忘れてはならないのは「軍法会議」。軍隊には軍刑法と軍法会議（軍事法廷）が必要です。自民党内でいちおう検討の俎上には載っているようですが、私の知る限り、機能するものとなりそうにない。少なくとも軍法会議の第一審は普通の裁判からは独立した制度にしなければなりません。憲法が特別裁判所を認めないとしていますが、それに関しては複数の憲法解釈があります。最高裁に上告できる制度にしておけば憲法には違反しないという憲法解釈だってあるのです。

「憲法が〜」という声が聞こえてきそうですが、このような改革は本来、憲法など変えなくてもサクサクできることです。

国際情勢の変化を考えても「準備組織」から本物の戦える軍隊にすることは焦眉の急と思われます。そのために何をすべきか、第一章より具体的に考えていきたいと思います。

第1章

あるべき陸軍

1-1 陸上防衛力の特性

陸軍力特有の意義は「占有力」にあり

軍事力には破壊力と占有力の二つの側面があります。その中で占有力の側面を併せ持っているのは地上兵力ならではの特性です。

たとえ敵の地上戦力による侵攻がないときでも、地上戦力は、政府要衝や飛行場や港湾や補給拠点を警備・防備します。

遠距離、たとえば駐屯地から遠隔地まで移動する能力を戦域間機動力といい、戦地に到着した後、戦場のなかで移動する能力を戦場内機動力といいます。

防勢においては、初動で、とりあえず現場に急行して敵のこれ以上の進撃を掣肘するということが必要です。敵は味方の守りの手薄なところを突いて攻めてきます。ですから、戦域間機動力が大切です。敵による占領を阻止し、やむなく一部占領されたとしても、それ以上の占領地拡大を防止するのが役目です。

一方、攻勢あるいは反転攻勢においては敵地の占領と占領地の拡大、被占領地の奪還などを行います。これらはすべて戦場内で前進することによって達成されるのであって、戦場内機動力が不可欠です。

また、ロシア軍のように国際法を守らない敵の侵略を受けている状況では、民兵型の民間防衛、つまり序章で触れた国際人道法本来の民間防衛の範疇には含まれない、戦いながらの民間人保護も必要になるでしょう。

軽装備部隊と重装備部隊の関係：戦域間機動力と戦場内機動力

軽装備部隊および重装備部隊について、また、その個別の問題に関しては後述しますが、ここでは、両者のおおまかな関係について述べておこうと思います。

陸上防衛力において戦域間機動力と戦場内機動力は、二律背反です。

軽装備部隊は事態発生直後に現場に急派するのには適しているけれども、弾丸が飛び交う戦場のなかで歩兵が移動するのは難しい。すなわち、戦域間機動力は優れているけれども、戦場内機動力は劣悪なのです。接敵後は穴を掘って同じ場所に居続けるか、穴を掘り掘り移動するか、要するに微々たる動きしかできません。しかし、そうやって重装備部隊が到着するまでの時間稼ぎができます。

また、港湾や飛行場に固定的に配備されている警備部隊・防備部隊は標準的には軽装備部隊です。国連平和維持活動などの治安任務でも軽装備部隊が主力となります。

一方、重装備部隊の戦域間機動力は低い、つまり戦場に素早く駆けつけることはできません。しかし重装甲ですから、敵の砲火の下で進撃できます。反撃に出たり（反攻作戦）、取られた領土を取り返す（奪還作戦）などの機動反撃戦闘には重装備が絶対に必要です。また遅滞防御戦闘でも有意義です。

平和維持軍などの軽装備部隊が主流の治安任務でも重装備部隊の出番はあり、要所防備や機甲偵察隊などを担任します。しかし、実際に激しい戦闘になることは稀です。例外的に、一九九〇年代のボスニア・ヘルツェゴビナ紛争では機甲偵察隊に配属されたデンマーク軍の戦車にセルビア軍戦車が発砲してきて撃ち合いになったことがあります。

序章で戦車をはじめとする重装備がどんどん減らされている話をしました。今の日本政府は戦車は三〇〇両で間に合うと決め込んでいるようです。日本は島国なので戦車は要らないと言う人もいます。

アメリカ海兵隊と比較し、戦車無用論を唱える人もいます。しかしアメリカ海兵隊が戦車の廃止を決めたのは、各軍の統合運用が進み、陸軍の戦車隊をいつでも配属してもらえるので、海兵隊自身は戦車を持たなくても良いというだけです。もちろんアメリカに戦車無用論などありません。

また、戦車などの装甲兵力がなければいったん土地を占領されたら取り戻せません。二〇二二年後半現在のウクライナでも戦車が足りなくて反転攻勢に困難が生じています。しかも、日本は島国ですが、日本の地形は約八割が戦車の運用適地です（「四次防の全容」『自衛隊装備年鑑1973』四一一頁）。アメリカ軍が硫黄島を攻略するときに戦車二〇〇両を持ってきたということは覚えておきましょう。島の面積との比率で単純に考えれば、与那国島では二四四両、魚釣島では三一両の戦車が入れるということです。もちろん単純計算に拘泥する意味はありませんが、日本全体で三〇〇両あれば間に合うというのが暴論だということは簡単にわかります。

それから、戦車という兵器が必要かどうかという議論と、戦車師団あるいは戦車旅団という建制部隊（固有編制部隊）が必要かどうかという議論とを混同してはいけません。

繰り返しますが、とりあえず駆けつけるには軽装備部隊のほうが優れています。しかし、反攻作戦・奪還作戦は重装備部隊が中心になります。

部隊の分割性

軽装備部隊は基本的に歩兵とわずかな支援部隊しかいないので小規模にまで分割できます。

それに対して、重装備部隊は諸職種の連合部隊で、それぞれが相互支援しあいながら戦うのが前提なので、あまり分割してしまうと独立運用単位になりません。そして後述しますが対砲兵戦や対C４ＩＳＲ戦にあたって砲兵は最低でも二四門は集中運用できなくてはなりません。兵站の規模も少なくありません。

とくに反攻戦をする諸職種連合部隊（混成部隊）には、かなりまとまった数が必要です。目視戦闘部隊は中隊ごとに混成にするにしても全体が砲兵の支援を受けなければいけないからです。

1-2 問題だらけの日本の道路インフラと輸送能力

地理こそ日本の特殊事情

日本は北東から南西に細長い島国です。列島縦断には船舶による機動が行われます。東京から南西諸島の最西端である与那国島までは二〇〇〇キロメートルもあり、その間には広い海があります。この間の陸上部隊の戦略機動は船でないとできません。沿岸シーレーン防衛力が絶対に必要ですから、部隊編制の策定にあたっても船一隻に積める単位で職種混成部隊を策定しておくべきです。

この点を考えても部隊を細かく分けておかなければなりません。おおすみ級の輸送艦では、軽装備部隊なら大隊規模で運べますが、重装備部隊の場合は混成中隊を運ぶのが限界です。陸上の地形的な条件からも、島国であることによる海上輸送の観点から船一隻で運べる単位を考えても、小規模な単位（中隊）または大隊規模での職種連合部隊編制にいきつくのです。なお、列島横断には陸上機動をするしかありません。その際、錯雑地形において道路舗装などが破壊された地形の盆地を一晩のうちに越える能力を基準に考えると、目視戦闘部隊の単位

輸送艦おおすみ(海上自衛隊HP)

は各種車両合計三〇〇両が限界です(「自衛隊　明日の装備と編成」『防衛年鑑1961』四〇頁)。それは混成連隊または大隊戦闘団規模になります。ロシアがウクライナで使用している大隊戦闘群(BTG)も自衛隊の連隊戦闘団(RCT)も同程度の規模でしょう。たしかにその編制で対砲兵戦闘や対C4ISR戦闘ができる二四門の砲兵大隊を保有することはできません。しかし電子通信技術の発展のおかげで大隊の大砲一門一門を師団・旅団司令部の火力統制官がオーヴァーライドして直接運用できるようになりました。混成連隊か大隊戦闘団に直接火力支援用の大砲が六〜八門あれば、必要に応じて旅団全体の二四門を統括して全般火力支援の運用もできるでしょう。

たしかに日本には戦車三〇〇両をまとめて突撃させるような地形はありません。しかし、戦車十両内外に歩兵戦闘車、戦闘工兵、迫撃砲などを組み合わせた戦闘チームの運用はいたるところでできます。

こういった地理上の問題こそ日本の特殊事情であって、大いに議論すべきところですが、現状では憲法問題や役所の都合を「日本の特殊事情」と言っています。いい加減にやめてほしいものです。

社会資本：道路と港湾と鉄道

ここで、直接的な陸上防衛力について書くまえに、重要な日本の交通インフラについてお話しします。

前述のように、多くの日本人は、「日本の特殊事情」と聞くと反射的に、憲法問題かと脊髄反射してしまいます。しかし本書では、憲法問題は原則として無視します。

本書が強調する「日本の特殊事情」とは、地政学的および地理的な条件です。この地理にはインフラ（社会資本）の整備状況も含まれます。陸上防衛力の基礎は、道路や鉄道などの交通インフラです。この状況を見ることから始めましょう。

道路を走る車両：幅二・五メートル、長さ一二メートル、高さ三・四メートル未満

日本の道路の最大の特徴は、軍用車両の通行に不便なように作られているということです。

これは、反軍主義的な官僚によって推進された意図的な政策の結果です。

日本の普通の公道、特別の許可なく走れる車両の規格は、「道路法」や「道路運送車両法」で決まっています。車線をまたがずに走行できる車両です。それは、車幅二・五メートル未満、全長一二メートル未満、車高三・四メートル未満です。

そして、ISO（62頁参照）二〇フィート・コンテナのうちの背の低い型（幅二・四四メートル、長六・〇六メートル）を搭載したトラックも、特に荷台高さが九六センチ以内なら、全高三・四メートル以内になります。一方、それ以上の高さ（二・六メートルまたは二・九メートル）のコンテナは、トレーラーによる牽引が必要です。牽引免許がなくてはトラクターを運転できませんし、急な斜面では運べません。それに地形が荒れれば運用は危険です。

防衛用装備にそのような制約を課すのはおかしいという声があることは知っています。しかし日本の道路は、その規格の自動車に合わせて作られてきたのです。いくら理屈を並べても、この規格より大きい車両を走らせようとすれば、どこかで接触事故を起こすなど、いろいろと問題が生じかねません。

車両の全幅が二・五メートル未満であるなら、道路幅はどのように決められているのでしょうか。一つの車線幅から〇・二五メートル引いた幅より広い車両は通行できないことになっています。つまり、車線幅は原則として二・七五メートル以上です。もちろん一方通行の道路は滅多になく、たいていの道路は往復路です。したがって、道路幅が五・五メートル以上あれば、幅二・五メートルまでの車両による片側一車線両側通行にできるということです。交通需要が大きいことが見込まれる道路では、車線の幅が広くなります。

それから言うまでもなく、坂道でも運用制約は大きくなります。時速八〇キロメートルで走行するためには勾配五％以下でなくてはならず、時速五〇キロメートルで走行する場合でも勾配六％以下でなくてはなりません。

裏返して言えば、隘路とは、道路幅が五・五メートル未満であったり、五％を超える勾配であったり、車高三・四メートルの車両が通れないようなボトルネックのある道路のことです。ボトルネックとは、道路をまたぐ橋や鉄橋が低すぎたり、トンネルの高さが不十分であったりする所です。

以上の理由で、自衛隊の車両を大別する場合、道路運送車両法の制約条件に合致した車両を「軽装備」と定義し、それから外れる車両を「重装備」と位置づけると適当だと思います。「軽装備」車両は、公道を一般車両と同じ条件で、車線をまたがずに走行できる車両です。車幅二・五メートル未満、全長一二メートル未満、車高三・四メートル未満の装輪車両（タイヤで走る車。↕装軌車：キャタピラ式）で、牽引免許が不要な車両なら軽装備であると定義するべきでしょう。その範囲の装備で固めている部隊なら、軽装備部隊です。

なお、軽装備部隊の中でも特に軽装備の部隊の場合、全高が二・六メートル以下とする必要があります。この二・六メートルとは、鉄道輸送できる限界という意味です。

ですから、たとえば19式装輪自走155㎜砲榴弾砲は「軽装備」の範疇に入ります。それから、96式装輪装甲車は、日本の道路事情に配慮してその制約内で最適のものとして設計された車両です。全高は一・八五メートルですから鉄道輸送にも対応しています。ぜひとも軽装備部隊の主装備として製造を再開してもらいたいものです。

「特級道路」規格の制定と整備着手を

一方、「重装備」車両ですが、平時の運用には難渋しています。重装備車両とは、幅二・五メートル以上、長さ一二メートル以上、高さ三・四メートル以上、履帯式、牽引免許が必要、この五条件のうち最低一条件に該当する車両です。今は特別の許可や事前の届出がないと大型の車両が通れません。また、二・九メートル高コンテナを積んだ貨車は、青函トンネルをはじめとする多くのトンネルを通過できません。現在、北海道の千歳と札幌の間でトレーラーに載せて戦車を運ぶために戦車の砲塔を外しています。また、道が狭すぎて16式機動戦闘車が側道に転落してしまったこともあります。日本の道路は戦車・装甲車のような大きい車両を走らせる基準で作られていません。しかし有事、反転攻勢を始めるころには、道路は原則として一方通行に交通統制されているはずです。そうなれば「重装備」車両の機動に問題は生じません。一車線をまたいで進行するのが普通になるからです。

しかし平時の訓練その他の運用を考えるとき、「重装備」車両のためにどれくらいの道路幅が必要でしょうか。たとえば90式戦車は、全幅約三・四メートルです。車線幅三・七メートルあれば車線をまたぐ必要はないでしょう。しかし諸外国の戦車は概ね全幅三・七メートルです。そこで、車線幅が四メートルあれば、NATO規格の重車両であっても車線をまたがず通行できます。

つまり平時にNATO規格の重車両が車線をまたがずに走るには、四メートルの道路幅が必要です。外国の援軍あるいは物資支援を考慮すれば、そのような基準が必要だとわかります。港湾や飛行場といった基地周辺の道路、駐屯地と演習場を結ぶ道路、そしてそれらと港湾を結ぶ道路などは、車線幅四メートルに改良する必要があります。それから、港湾やそこから鉄道貨物駅にいたる道路などは、二・九メートル高の四五フィート・コンテナを搭載したトレーラーを牽引するトラクターが走れなければ、国際物流の点で各国の後塵を拝し続けることになるのは目に見えています。実は日本の道路交通法は国際規格の一つである長さ四五フィート・コンテナの通行を考えていないのです。仙台で実証実験は行われたのですが、それを全国規模に拡大していこうという話は聞きません。

もちろん道路は、四車線（片側二車線両側通行）は最低限必要です。

つまり、一車線の幅が四メートルの片側二車線両側通行で、戦車などの「重装備」車両も、高さ二・九メートルの四五フィート・コンテナを搭載した車両も、許可なく通行できる道路が必要であり、それを規格（デファクトスタンダード）として制定すべきだということです。「特級道路」とでも名付ければ良いでしょう。そして、建築や改築をすすめるのです。今後建造あるいは改築する橋やトンネルも、すべてこの規格に合わせます。

ところで、安全保障上重要な場所に架ける橋梁は、最新技術を駆使した吊り橋などにしてはいけません。破壊された際の修復が困難だからです。冷戦期の西ヨーロッパでは、わざと修復しやすくするため、多くの橋柱に支えられた伝統的な構造の橋を作るようにしていました。

そして、改築したところは「特級道路」とわかるように標示します。たとえば、国道X号線のA地点からB地点まで、県道Y号線のC地点からD地点までの間は特級道路であることがわかるように標示するのです。一度に全国の道路を改築することはできないでしょうが、少しずつでも、進めていく必要があります。

防衛の観点からは、北海道の国道三六号の苫小牧市~札幌市の間、国道四〇号の旭川市から中川町の間などは、真っ先に、そんな規格に改築するべきでしょう。

道路が改築されれば、戦車に準じた車格の土建関連車両や機材運搬車両も届出なく普通に走れるようになり、軍事だけでなく民生にも寄与します。戦車等を輸送する自衛隊の特大型トレーラートラックと、そのような大型土木機械を輸送する民間車両は同型になるでしょう。

とくに物流の拠点である港湾や空港の近辺ではこの規格の広い道路が必要です。港とコンテナ貨物駅を結ぶ道路や、工業地帯をつなげる道路などは、民間の営みにとっても幅や高さのある貨物を運べる道路が、ぜひ必要です。周辺のインフラが劣悪な日本の海運は国際競争力を失いつあるのです。一刻も早く改善が望まれます。

もちろん鉄道のトンネルも、今後新築あるいは改築する場合は、二・九メートル高コンテナを積載した貨車が通れるようにするべきです。最低限、東北本線、東海道本線、山陽本線はその方向で改築計画を立案すべきです。

ウクライナ紛争以来、日本でも防衛費増額の話が出ています。「五年で倍増」、つまり一年で約二〇％増額となります。「使い切れない」などと信じられないことを言う人がいますが、これまで話してきたことだけを考えても、増額分を使い切れないなど絶対にありえない、むしろ足りないということがよくわかるはずです。

また、道路などのインフラ整備の問題などを考えると、国防は自衛隊の仕事と任せきって知らん顔ではいけません。政治家や他の諸官庁も協力すべきです。

国際基準「ISO規格」のコンテナ

現在、世界では大量のコンテナが貨物船で輸送されています。昔は様々な海運会社が自社規格のコンテナを作り使ってきましたが、現在では国際標準化機構（ＩＳＯ）が制定している規格が国際標準になっています。

次表にある二〇フィート・コンテナを積める個数がコンテナ貨物船の大きさの基準です。ＴＥＵ（twenty-foot equivalent units）といいます。国際標準の目安となるパナマ運河を通峡できる

ISO規格コンテナの主な大きさ（幅はすべて8フィート:243.84㎝）

高さ／長さ	10フィート型（299.1㎝）	20フィート型（605.8㎝）	30フィート型（912.5㎝）	40フィート型（1219.2㎝）	45フィート型（1371.6㎝）
9フィート6インチ（289.56㎝）	シリーズ1DDD	シリーズ1CCC	シリーズ1BBB	シリーズ1AAA	シリーズ1EEE
8フィート6インチ（259.08㎝）	シリーズ1DD	シリーズ1CC（容積35.5㎥）	シリーズ1BB	シリーズ1AA（容積72.3㎥）	シリーズ1EE
8フィート（243.84㎝）	シリーズ1D	シリーズ1C（容積31.4㎥）	シリーズ1B	シリーズ1A（容積67.9㎥）	シリーズ1E

最大の船というと、在来閘門《こうもん》で約四五〇〇ＴＥＵ、新閘門運河で約一二〇〇〇ＴＥＵです。四〇フィート・コンテナの場合、二〇フィート・コンテナの半分の数を積めます。

ところが日本に陸上運輸では二つの点で国際化が遅れています。一つは、道路や鉄道といった社会資本（インフラ）の整備や改善が追いつかなくなってしまったからです。そしてもう一つは、ＪＲ貨物が独自のガラパゴス化した「一二フィート・コンテナ」規格を押し通してきたからです。そこで、海運と鉄道の貨物一貫性が阻害されています。

歴史的な詳細は省きますが、ＩＳＯ規格コンテナのうち普及しているサイズについて表で概観しましょう。ここではドライ・コンテナについてだけ書きます。議論を単純化するために、許容誤差についてまでは書きません。また、以後は「九フィート六インチ」を「二・九メートル」、「八フィート六イン

後部に小型フォークリフトを取り付けたトラック（2011年3月29日、ロンドンで撮影）

チ」を「二・六メートル」、「八フィート」を「二・四四メートル」と表記します。

このうち現在、国際航路で一番普及しているのが四〇フィート型で、それから二〇フィート型と四五フィート型です。二〇フィート・コンテナで最大重量二〇トン、四〇フィート・コンテナで最大重量三〇トン余りです。四五フィート・コンテナは、四〇フィート・コンテナを積む貨物船の甲板の余積を無駄なく使おうということで開発されました。荷重を支える支柱は、四隅より少し内側にあって、四〇フィート・コンテナと同じ位置にあります。高さは、二・六メートルが標準ですが、特に大型のコンテナほど二・九メートルの割合が多いようです。

しかし二・四四メートル高コンテナは、トラクターに牽引されたトレーラーに積まなくても、トラックに積載しても高さ三・四メートル以内に収められます（荷台高九六㎝未満のトラックに限定されますが）。ですから高さ二・四四メートルの一〇フィート・コンテナや二〇フィート・コンテナは、錯雑地域の物輸に適しています。

また、軍用として二〇フィート長は有用です。湾岸戦争（一九九一年）時のアメリカ軍ですら、四〇フィート・コンテナだけでは大き過ぎて持て余すことがありました（パゴニス『山・動く』三〇三〜三〇四頁）。高さ二・四四メートルの二〇フィート・ドライ・コンテナの自重は一・七五トンで、最大積貨重量は一八・五七トンです。ＪＲ貨物のコンテナ貨車には二個まで積めます。運用上の重量制限を一五トン以下（積貨重量一三・二トン）に制約してフォークリフトでの運用を可能にする方法もあるでしょう。

重装備の移動ができないＪＲ貨物

一方、鉄道ですが、多くの国では鉄道の線路幅は一四三五㎜です。そして鉄道貨車は、ＮＡＴＯ規格の戦車の輸送に適合しています。一五二四㎜の帝政ロシア規格の鉄道が軍事輸送に適していることは言うまでもありません。

一方日本では、ＪＲ貨物の路線はすべて線路幅一〇六七㎜です。そして貨物の全幅は三・〇メートル未満です。また、高さ二・六メートルまでのコンテナは運べますが、二・九メートル高のコンテナは運べません。青函トンネルも例外ではありません。これらの限界にあわせてトンネルその他が建造されているのです。

もちろん路線によってはもう少し大きい荷物も運べますが、それは例外です。

それから、非常時を想定するなら停電を予期しなくてはなりません。電気機関車や電車ばかりでは動けなくなってしまう恐れがあります。ディーゼル機関車や気動車も、余るほど十分に保有していなくてはならないのです。

日本独自規格で邁進するJR貨物とコンテナ

先に、世界の海運業界は、最初のうちは各社それぞれの規格のコンテナを使っていたけれども、現在ではISO規格に切り替えたと書きました。これに反して日本独自規格で邁進しているのは、旧国鉄、現JRです。貨物鉄道を見ていると、最も普通に見られるのが、一二フィート・コンテナ五個を積載した貨車です。一二フィート・コンテナは商船には積めません。

ところで、ISO二〇フィート・コンテナは、貨車に二個しか積めませんが、JR二〇フィート・コンテナは最大重量が軽いので三個積めます。しかし、面倒なことをせず、ISOコンテナを、一個一三・五トン以内に荷重制限する場合は三個、それ以上の重量で運用する場合は二個までとすれば良いのではないでしょうか。もちろん、取り違える危険がないよう荷重を制限するコンテナにはその旨を大書きしておかなければなりません。間違いを防ぐ最良の方法は、最大重量一三・五トン（最大積貨重量一一・七五トン）に制限するコンテナは高さ二・四四メートルに限定した上で、フォーク・ポケット（フォークリフトの爪を差し込んで運ぶための穴）を必ず付けるという方法もあります。

なお、ＪＲの貨車はＩＳＯ四〇フィート・コンテナも一つだけなら積めます。四五フィート・コンテナも積めるでしょう。しかしどうであれ、二・九メートル高コンテナは無理なのです。

駐屯地の一部を基地にせよ

ここで、駐屯地と基地の違いを押さえておきましょう。

海軍や空軍は港湾や飛行場を持つ基地（base）が作戦行動の拠点になります。それに対して陸軍が平時に駐在するところを駐屯地（camp）といいます。野営地という意味です。陸軍は移動しながら作戦行動をするからです。

駐屯地の司令官は普通、駐屯する作戦部隊の指揮官のうち一番階級が上の者が兼務し、駐屯部隊や駐屯地の維持や警備・防備を担当します。駐屯地の陸軍は出動命令を受ければ決められた時間以内に全員が出払えるように準備されているのが筋です。

これに対して基地（海軍の軍港や海軍・空軍の飛行場）の司令官は、所在している機動部隊の長を兼務しません。基地や港そのものがある意味で兵器だという考え方です。基地司令直轄要員は基地の維持と警備・防備に専念し、また演習場等の管理を担当することも多いのです。

ところが今の陸上自衛隊の部隊は「駐屯地」に駐屯しているといいながら、いざというときに引き払って全力出動する体制ができていません。

もちろん、すべての駐屯地を有事に引き払えるようにするのは非現実的です。それならば、陸上自衛隊の駐屯地の一部を「基地」に改めたらどうか、というのが私の提案です。移動できない施設、とくに飛行場のある駐屯地は、基地に改めるべきです。たとえば霞目《かすみのめ》駐屯地（宮城県）、北宇都宮駐屯地（栃木県）、木更津駐屯地（千葉県）、八尾《やお》駐屯地（大阪府）などです。また、方面総監部もなるべく飛行場のある基地に移動するべきでしょう。そのほうが連絡の便など具合が良い。その場合、陸上自衛隊の施設にこだわらず、海上自衛隊や航空自衛隊の航空基地内に移動しても良いはずです。たとえば東北方面総監部が航空自衛隊松島基地の中にあっても良いと思います。

それから、東千歳駐屯地には旧海軍の飛行場跡があります。そこに飛行場を再建すれば少なくとも滑走路長一八〇〇メートルにできます。オーバーラン対策として滑走路に設置される過走帯をやや短めに設定することが許されれば二〇〇〇メートルにできます。そうすれば丘珠《おかだま》の飛行隊を移動して、丘珠を完全に民間空港化することもできます。北部方面総監部も札幌市中央区から東千歳に移動できるでしょう。

それから、陸上自衛隊の部隊が、海上自衛隊や航空自衛隊の基地内に駐屯するということも考えて良いと思います。いくつか考えられる例を挙げてみましょう。丘珠の陸上自衛隊飛行隊の一部は、航空自衛隊八雲分屯基地（一八二九メートル滑走路あり）に移動しても良いと思います。陸上自衛隊八戸駐屯地の敷地をすべて海上自衛隊八戸航空基地に編入し、その海上自衛隊基地内に陸上自衛隊の部隊が駐屯するようにもできるでしょう。陸上自衛隊竹松駐屯地の敷地も海上自衛隊大村航空基地に統合できると思います。そうすれば大村基地の滑走路もある程度延伸できるでしょう。

1-3 警察の重装備部隊

有事対応の協議ができない警察と自衛隊

諸外国では有事に警察は、軍隊に編入されるか、または民間防衛組織の一部として人道活動に従事するか、そのどちらかになります。民間防衛組織になる場合、陸上戦闘が予期されるような状況では、武装は制服警官の拳銃に限られなくてはなりません。一方、対テロ特殊部隊のような拳銃より強力な武器を持っている部隊は、陸軍または憲兵隊に編入されるか、あるいはその作戦統制下に入ります。

日本の警察官のほとんどは拳銃以外の銃器は持ったことがありません。また軍事常識も皆無です。ですから人道活動に専念する以外の選択肢はないでしょう。

しかし、特殊急襲部隊（ＳＡＴ：Special Assault Team）、緊急時初動対応部隊（ＥＲＴ：Emergency Response Team）、銃器対策部隊（Anti-Firearms Squad）、臨海部初動対応部隊（ＷＲＴ：Waterfront Response Team：警視庁第六機動隊内）、特殊捜査班（ＳＩＴ）、皇宮警察（警察庁直轄）、警視庁東京国際空港テロ対処部隊（警備第一課の附置機関：羽田空港）などは、国際人

道法を考えると、陸上戦闘があり得る状況であれば、事前に武装を自衛隊に引き渡して部隊を民間防衛任務に充てるか、自衛隊の作戦統制下に入れるか、どちらかにしなければなりません。

警察官僚の反軍アレルギーのためか防衛省に対する優越感のためか、そのような協議そのものが行われていないようです。しかし日本国は、ジュネーヴ条約の第一追加議定書に加入した際、第四四条第三項に留保を付けませんでした。そこで、敵の浸透コマンド部隊が害敵行動を開始する直前まで民間人と区別の付かない姿でいることを容認しています。これによって、「陸上戦闘が予期される地域」が画定し難く広がってしまったのです。

1-4 日本人が知らない基本的な予備知識

冷戦後陸自からなくなった「即応」体制

航空自衛隊の飛行場ではスクランブル発進する場合、発信命令からたとえば四分以内に離陸できるなどの基準があります。海上自衛隊にも、港で休息をとるにあたっては「何時間以内に出港できる場所にいること」と、任務や状況によって二時間だったり、四八時間だったりと幅がありますが、いずれにしても基準を設けて特定時間以内に出動できる態勢をとっているのです。これを即応といいます。

冷戦後、陸上自衛隊から「即応」という概念がなくなって「即動」となりました。敵の動きに対応し、司令官の命令に従って、何分以内、何時間以内、何日以内と、規定の時間内に出動できるのが即応です。これに対して即動とは、政府の出動命令に対応します。安全保障会議か閣議が決定してから動くのです。そのための準備ができていればいい。

陸上自衛隊でも、冷戦期には「何時間以内に全員引き払え」という命令が出たらさっと引き払う訓練をしていました。北海道の駐屯地では二四時間以内に引き払える体制ができていた。

しかし現在では、そのような訓練は行われていません。現役の隊員が冷戦期の陸上自衛隊を見たら、あまりの違いに仰天することでしょう。

冷戦後は、国連の平和維持活動などを中心にしていたので、即応できない体制となってしまったのでしょう。防衛出動について考えなくなったので、「即応」は不要、「即動」でいいことになってしまいました。

編制について

バトルドクトリン（戦闘教義）と編制

方面軍※直轄で独立して運用できる単位を独立運用単位といい、戦略単位とも呼ばれます。一定期間、上級司令部からの支援なしに戦えないといけません。それは各国一律に「何日耐えなければいけない」と決まっているのではなく、それぞれの国のバトルドクトリン（戦闘教義）によって異なります。バトルドクトリンとは、どのようにして勝つのか、その方策です。

※**方面軍**　ビルマ作戦、レイテ島作戦、北支作戦、北満作戦など、ある国や地域の作戦をすべて担当すべく臨時に編成される。独立混成旅団を複数束ねる大規模なものが多い。まれに作戦規模が小さく一個旅団しかない方面軍もある。

昔は、独立運用単位とは師団のことだというのが一般的常識でした。しかし例外もありました。冷戦期のソ連軍では、師団を数個擁する野戦軍が独立運用単位になっていました。また現在では、独立混成旅団を独立運用単位としている国も多くあります。

ところで旧日本陸軍で『歩兵操典』等が配備されていました。皆が身につけなくてはならない教科書です。米軍でも『フィールド・マニュアル（野戦教範）』を携行させています。

旧日本陸軍の歩兵連隊以下の部隊では、たとえば三単位制として、一隊が主攻、一隊が側攻、一隊が予備という運用の仕方でした。順繰りに主攻・側攻・予備、主攻・側攻・予備と回していくのが基本的な戦法でした。

旧ソ連軍の野戦軍では、機械化歩兵（「自動車化狙撃兵」が定訳）二〜三個師団を主攻も側攻もなく突っ込ませて、状況が有利なところに残りの機械化歩兵一〜二個師団と戦車一個師団を増援に出し、状況が悪いほうは見捨てるという方針でした。旧ソ連軍の機械化歩兵師団では、機械化歩兵二個連隊を主攻も側攻もなく突っ込ませて、状況が有利なほうに残りの機械化歩兵一個連隊と戦車一個連隊を増援に出し、状況が悪いほうは見捨てるという方針でした。

いずれにしても、「こうしたいから、こういう装備を持ち、このように運用する」と目的と手段を首尾一貫させるものです。

スポーツでも、たとえばサッカーなら、守りに守ってＰＫ戦に持ち込んで勝つとか、どんどん攻めて得点を稼いで勝つとか、勝ち方にもいろいろあります。野球ならホームランを打ちそうな選手を一番に置くか、二〜三番にしておいて押し出しの可能性を少しでも高めるか、チームによって、また同じチームでも相手によって戦法は変わってくるものです。どういうチームを作るのか、その方策なしには何も始まりません。

軍隊もスポーツと同じです。方針となる考え方があって、それに基づいて編制を作り、装備と人を配置する。基本方針によって、どういう人材をリクルートするかというところから違ってきます。

普通の国では、バトルドクトリンに従った基準で部隊、たとえば「三日間、独立戦闘できる連隊」や「七日間、独立戦闘できる旅団」などが編成され、相応の人員や装備が配置されるのです。

なお「へんせい」という語には「編制」と「編成」があります。海軍などは艦艇内の人数配置は船を設計する時点でだいたい決まっていて、人を当てはめるのは簡単です。陸軍の場合はどこにどういう部署を作るかから始めなければなりません。これが大変なのです。編制を編成する。陸軍用語では、「編制」は名詞、「編成する」は動詞だと思えばよろしいでしょう。海軍の場合は船というハードウエアができあがった時点で「編制」は終わっているので基本的に「編成」しかないわけです。

話を戻しますと、陸軍ではバトルドクトリンにもとづいて編制が策定されます。そしてその編制を充足するように装備と人員を配置するはずです。しかし自衛隊で、いま行われていることは、むしろその逆です。総員が○○名、幹部自衛官が○○名、予算は△△円、だから装備はこのように割り振るかと、そんな調子で、バトルドクトリンのかけらもありません。一戦交えて消耗した部隊を再編成するときのやり方です。

バトルドクトリンが作れなくなった自衛隊

中隊以下の小さな単位では、ある戦い方の定石があるのでしょうが、今の自衛隊には、師団・旅団規模のバトルドクトリンはありません。

もちろん自衛隊を責めてばかりでは不当です。昔は編制を策定する上での作戦上の根拠がありました。しかし予算の制約で編制が切り詰められていく過程で、作戦上の根拠に基づいて編制が策定されるのではなく、行政上の都合だけで編制が策定されるようになりました。「貧すれば鈍す」の表れです。

陸軍の基本は編制です。つまり、どのような組織づくりをするのかが大事なのです。もちろん、世界中の近代戦の戦史を学び、戦訓から問題点を抽出し、戦闘教義とそれに見合った編制を策定します。そして訓練や演習を通じて問題点を洗い出し、編制を改正していくのです。

編制が先にあって、それに人員と装備に必要な予算を付けていくのが筋です。どんな職種や兵器でも長所と弱点があります。そのため、様々な装備を持つ職種部隊を組み合わせて相互補完しながら戦えるようにして戦闘組織を作ります。それが「編制」を策定するということです。ですから単一職種の部隊というものは（軽歩兵を別にすれば）あり得ません。

その際には装備の格付けも必要です。アメリカでは装備の格付けとしてStandard、Substitute Standard、Limited Standardの三段階がありました。Standardは制式装備、Substitute Standardは制式装備がないときに代用で使用可能、Limited Standardは訓練には使えるが実戦で使ってはいけない装備です。

日本はそういう制度がありません。二〇二二年度中に74式戦車がなくなりそうですが、この戦車など、アメリカ基準ではLimited Standardでしかありません。今まで使っていたのがおかしいという代物です。

そして、今後も使用されそうな90式戦車でもStandardと言えるかどうか。バトルドクトリンを考えあわせた編制になっていないので、なんとも言えませんが、せいぜいSubstitute Standardというところではないでしょうか。ただ10式戦車と同様の使用に耐える戦車にするには電子機器だけは絶対に更新しなければいけません。

このように、戦闘教義とは、人員の配置から武器の選定まで、軍隊の骨格を決める需要な指針なのです。

建制と戦闘序列

建制とは組織編制表（technical order）上の編制、つまり基本的には常設の編制です。それに対して、戦闘序列（order of battle）とは作戦のために臨時に各所から部隊を寄せ集めて作られる編制です。

タスクフォース（Task Force）という言葉を聞いたことがあると思います。海軍の場合、タスクフォースは戦闘艦複数からなる部隊をいいます。空母機動部隊を指す場合も多いです。しかし陸軍では、大隊規模の臨時編成部隊を指すことが多いようです。朝鮮戦争のスミス支隊（Task Force Smith）は有名です。日本から半島に先陣を切って送られた混成大隊で、大隊長スミス中佐の名を冠しています。多数の死者・行方不明者を出し、壊滅しました。ウクライナ紛争でロシアが編成している「大隊戦闘グループ」もタスクフォースに該当します。

ウクライナ紛争で、マスコミ報道やインターネット上での発信で「第一親衛戦車軍が」などと言っているのは建制部隊の名前であって、戦闘序列ではありません。平素からその名で呼ばれている建制部隊から抽出された部隊が、現地で戦闘序列を組んで、実際の戦場で戦っているという意味です。

建制部隊の名は発表されますが、戦闘序列は作戦上の秘密ですから終戦前に公表する国はありません。

一九九〇～九一年の湾岸戦争のときにアメリカ軍の「第一騎兵師団偵察隊」などの名前が報道されていましたが、実は建制部隊における「第一騎兵師団」の「偵察隊」が、戦闘序列で言うところの「第三歩兵師団戦闘序列」に配属されていたのでした。

ニュースや解説番組などを見る時に部隊名がでてきたら、「そういう名前の建制部隊から抽出された部隊が配属されているのだな」と思ってください。この違いが一般人に知られていないのはともかく、ときどき陸上自衛隊ＯＢでも建制部隊と戦闘序列をわかっていない人がいて驚くことがあります。

ただ、もし即応能力を高めたいのなら、実戦的な戦闘序列にできる限り近い形で常設編制を作っておいたほうが良いことになります。逆に現在の自衛隊のように維持費を安くしようとして職種部隊ごとに駐屯地を分けて固めた建制にしていると、有事の戦闘序列はまったく違ったものに作り変えなければなりません。

有事というのは突然に襲ってくるものです。大掛かりな変更を要するとなると、おそらく戦闘序列を組み上げる暇もなく建制（つまり戦えない平時体制）のままで逐次投入され壊滅するしかないでしょう。

兵力供出部隊と兵力運用部隊

「建制」と「戦闘序列」は大枠のシステムですが、それぞれが保有する具体的な部隊を「兵力供出部隊」と「兵力運用部隊」といいます。

先に挙げた湾岸戦争時のアメリカ陸軍の例では「第一騎兵師団の偵察隊」や「第一騎兵師団の戦車連隊」が兵力供出部隊（Force Provider）で「第三歩兵師団」が兵力運用部隊（War

Fighter：日本では平和維持活動などの抑制的任務を意識しているためか「Force User」と呼ぶことが多い）です。

兵力供出部隊は「連隊」ごとに駐屯地に留まっていることが多いです。一般的に、歩兵や砲兵なら大隊以上、戦車や工兵は中隊以上をまとめて兵力運用部隊に供出し、兵力運用部隊は戦地にあって任務に応じて編成される戦闘序列において、隷下に入った各部隊を運用します。

イギリスの場合、「郷土連隊（地域基盤部隊）」が供出部隊の基本になっています。郷土連隊は平時編制から大隊を最低一個と訓練部隊を保持していて、有事には徴集兵により次々と大隊を編成し訓練しては、現場の旅団に供出していきました。

そして報道されるときは、「第一ファイフ&フォーファのヨーマンリー（Yeomanry）連隊」のように供出部隊の名前が出てくるのです。ヨーマンリーについて「義勇農騎兵」という珍訳もありますが、「郷士《ごうし》」が適切でしょう。またイングランド北東部のコールドストリーム連隊も有名です。この連隊は、ワーテルローの戦いに参加し、ノルマンディー作戦では戦車隊、アフガニスタン戦役では歩兵部隊として戦歴を重ねてきました。イングランド北西カーライル城の中には郷土連隊の博物館（King's Own Royal Border Regiment Museum）があって、アヘン戦争や北清事変（義和団事件）での戦利品が展示されています。北清事変といえばドイツのケルン連隊からも行っています。

建制と戦闘序列、供出部隊と運用部隊の概念がわかると、ニュースの理解が深まるでしょう。

1-5 勝敗を決す兵站体制

弾薬備蓄の七割が北海道に集中

イスラエル軍の某将軍の言葉だそうです。「『補給が絶えても爪と歯で戦い続けます』と言えなくては歩兵は務まらない。『補給がなければ戦えません』と言えなくては戦車兵は務まらない。」

どこの国でも軽装備部隊は精神主義なのです。しかし、重装備部隊はそれではいけません。戦車兵以上に砲兵も「補給がなければ戦えません」と言えなくては務まらないでしょう。

軍隊の仕事というと、戦車隊や砲兵隊、歩兵など戦闘部隊ばかりが目立ちますが、同様に大切なのが補給や通信、情報などの後方支援。たとえば一万人の重装備部隊が重戦闘に突入すると一日に一〇〇〇トン以上の弾薬と数百トンの燃料を消耗します。そして、ほぼ戦闘部隊より多くの人員を支援部隊に配属するのが普通です。補給ほか後方支援は、それだけ大仕事なのです。しかも、古今東西の戦いで、実際に必要となった補給の量が、事前の計算を上回らなかったことはありません。いつどこの戦いでも補給不足で前線部隊は悩まされてきました。ですから、計算して得られた所要補給量とは、「これより多くが必要になる」という基準にしかなりません。

ところで、近場の戦闘より遠くまで出向いて戦うほうが補給は大変になります。遠征する場合、補給部隊に対する補給が何重にも必要になるからです。必要な補給部隊の規模は、補給線の長さの二乗に比例すると一般的に言われています。

しかもただ運ぶのではありません。敵は当然、補給部隊も狙ってきますから、補給の拠点と補給線自体を守りながら補給しなければいけないため、その分、難しくなる。ですから、補給処・補給処支処にも十分な防空能力が必要です。浸透してきた不正規戦闘部隊にも対応できなくてはなりません。また、トラックにもある程度の防御能力が必要でしょう。外国には、運転席に装甲を着けた軍用トラックもあります。補給部隊を護衛する装甲車も欠かせません。

ベトナム戦争の米陸軍（総兵力）に占める歩兵の比率は一四％、砲兵の比率は一六％でした。あとの七〇％の中には、もちろん戦車やヘリコプター等の部隊もありますが、多くは後方支援でした。

最前線で戦う部隊ばかりが注目されがちですが、軍隊について考える場合には、補給をはじめとする後方支援があってはじめて機能するということを肝に銘じておかなければなりません。

「師団スライス（division slice）」という概念があり、師団や独立混成旅団の人数に対して支援要員の割合が高いことを「師団スライスが分厚い」といいます。「師団スライス」とは、陸軍の総兵力を戦略単位（師団や独立混成旅団）の合計人数で割った数値です。ですからここでいう支援兵力とは、後方支援（兵站）だけではなく戦闘支援部隊も含みます。戦闘支援とは、具体的には、師団や独立混成旅団の建制（常設編制）に属していない軍団レンジャー連隊や独立砲兵連隊や独立戦車大隊や方面ヘリコプター隊などを含みます。

米軍は師団スライスが厚く、旧日本軍などは薄かったわけです。現代の自衛隊はと言えば師団スライス以前に、いろいろと問題があるので、なんとも言えません。ともあれ師団スライスは、外征軍で三以上（総兵力の三分の二以上が支援部隊）、自国領域防衛でも二以上（総兵力の半分以上が支援部隊）が標準と考えられています。ただし自国領域なら二で済むというのは、民間による後方支援が期待できるという前提での話です。民間に有事の自衛隊協力を義務づけられないという前提で考えれば、師団スライス二・五（総兵力の六割が支援部隊）程度は必要だと思います。

仮に陸上自衛隊の総数を一六万人と仮定して、師団スライス二・五が必要だと考えたら、全師団・旅団の合計人数は六万四〇〇〇人になります。戦略単位（師団と独立混成旅団）の総数は、富士教導団を含めて一六個ですから、師団と旅団の平均人数は四〇〇〇人となります。重装備部隊で四〇〇〇人を切って独立運用できる旅団（独立混成旅団）は作れません。軽装備の旅団にしても四〇〇〇人を大きく割るわけにはいかないでしょう。そうすると、今程度の自衛隊であれば、師団を保有することは無理で、すべて独立混成旅団にしないと帳尻が合わないわけです。

ところで国会議事録によると、自衛隊の弾薬備蓄は陸海空を合わせてですが、一九五四年一〇月には約一〇万トン、一九五五年七月には約一三万トンでした。しかし一九七九年二月には約七万トンにまで減ってしまいました。以後一〇万トンに達したことはないだろうと思います。北海道だけでも非常に足りないのです。

しかも陸上自衛隊の弾薬備蓄はその七割が今でも北海道にあり、九州・沖縄は一割弱だといいます（『産経新聞』二〇二二年八月一三日）。特に沖縄には補給処の補給支処も出張所もありません。沖縄返還時の自衛隊配備目的が平時的な警戒と災害派遣だけだったからです。

動員と補給は雄弁

どのような武力紛争でもそうですが、実際の開戦前に、もう引き返せない、開戦が不可避になってしまう時点（point of no return）というものがあります。つまり、いま打って出なければ自ら墓穴を掘って「詰んでしまう」ので、座して戦いを避ければ逆に敵に打ち負かされてしまうという状態です。情勢が流動的になり始めるのが、対峙する両国が動員を始めたときです。

その引き返せない潮目時をどう読むかが問題です。開戦が不可避になった時点以降は、政治的分析の意味は薄れ、軍事的な分析が専らになります。

かつての日米戦争では、引き返せなくなった時点は近衛内閣時代にあったと私は思っていますが、東条内閣発足後だという意見もあります。ともあれ開戦の瞬間より前に、引き返せない時点が必ずあります。

ところで、動員や補給に焦点を当てて観察していると、武力紛争が勃発するかどうか、開戦が不可避になったかどうかを判断するのに役立ちます。

第三次中東戦争（一九六七年）では、イスラエルとエジプトの間に割って入って駐屯していた国連平和維持軍が撤退してしまったことで、開戦しないという選択肢が失われました。エジプトではマスコミ世論が好戦主義を煽ったので、世論に押されたナセル大統領は、動員令を発令するとともに、国連事務総長に対して平和維持軍の撤退要求をしたのです（五月一六日）。同日、アラブ各国もイスラエルも動員令を発しました。実はナセルは、事務総長が平和維持軍撤退要求を拒絶することを期待して、撤退要求をしたのです。開戦できない口実として国連を悪者扱いして幕引きにするつもりでした。ところが腹芸の通じない事務総長は本当に撤退させてしまいました（五月一八日）。開戦は不可避になり、五月二二日、エジプトはアカバ湾とティラン海峡の封鎖を宣言しました。

イスラエルには素早く動員する能力があります。しかし人口の少ない国ですから、最大動員可能兵力は限られています。それに大規模動員すれば国内産業は止まって経済は干上がってしまいます。一方、アラブ諸国は政治的なプロセスは鈍重です。ですから動員令を発しても実際に兵力が増えるまでには日数が必要です。しかし動員が完了すれば大兵力になります。そうなるまで待てばイスラエルには太刀打ちできなくなります。そうなったら負けて大虐殺されます。イスラエルは開戦準備ができた六月五日、先制攻撃に踏み切りました。こうして誰も望まない戦争が起きたわけです。

現役兵力や即応予備兵力は精強だけれども総動員兵力に限界のある国は、敵が動員を進める前に早めに事態を終了させようとして先制攻撃による短期決戦を好む性向にあります。上記のイスラエルも、そして戦前の日本もそうでした。冷戦後の軍縮で兵力が縮小された後のアメリカも同じです。二〇〇一年の「九・一一テロ」後、アメリカのいわゆる「一国行動主義」が「ネオコンの独走」だとして批判されました。しかし、米軍が冷戦後に縮小されたことを考えればやむを得ないことでした。

一九九五年七月から九六年三月の「台湾海峡危機」では、ミサイルの話題で大騒ぎになっていました。しかし私は安心しきっていました。なぜなら中国が地上兵力に動員をかけたという情報がまったくなかったからです。地上兵力の大規模動員は、全体主義国家であっても秘密裏には行えません。そこで、威嚇だけで終わらせる気だと読めたのです。案の定、大陸側の花火大会で終わりました。今後も陸軍の動員状況を注視していかなくてはなりません。

しかし、今回のロシアによるウクライナ侵攻では、ウクライナ周辺に配備されたロシア陸軍正規軍が、その現役総兵力の三分の一を超えた時が引き返せない時点だったと思っています。

不確実性が高いインターネット情報に基づいていますが、私の感触では、一二月上旬にはこの水準を超えてしまっていたと見受けられました。現役総兵力の三分の一を超える兵力を前線に貼り付けるということは、訓練、休養、補給、再整備などのローテーションを長期にわたって組むのが難しいということです。言い換えれば、ウクライナに外交的圧力をかけ続けるための軍事展開としてはあり得ないということです。もしもその後に展開部隊の削減を命じれば、プーチンは政治生命を失うに違いありません。そこで、ロシアは必ず侵攻すると判断しました。プーチンが「ルビコン川を渡った」のが見えたわけです。ですから一二月一四日には大学の授業で百人以上の学生に向けて「プーチンが軍事行動に踏み切らない理由がありません」と言い切りました。

ただしすべてを正しく予想できたわけではありません。プーチンがロシア軍はウクライナ民衆に歓迎されるという妄想に駆られて軍事指導を誤ることはまったくの予想外でした。私の予想は、ロシア軍は初動で速攻、ドニエプル川（ドニプロ川）以東を切り取って、同川以東のウクライナ軍への補給を断つというものでした。ロシア軍が都市攻略と蛮行に労力を集中して時間を浪費し戦線を膠着させてしまうことまでは予想できませんでした。

陸戦兵器は寿命を残して保管するのが普通

軍隊とは、自己再生産のできる組織です。そのため、特に陸軍の兵器は、多少の寿命を残して保管するものです。多少古くても、有事の際に召集された予備役の兵員が使うこともできるし、戦場での損失補充にもなります。場合によっては輸出に回せます。

とくに陸戦用の重装備は頑丈にできていますのでオーバーホール（点検・修理を伴う重整備、高段階整備）さえきちんとしていれば、長く使えるのです。そうでなくても耐用寿命に余裕のある小火器もまた多数の予備兵器が必要です。そのため弾薬等の互換性をもたせるための近代化改修などもしばしば行われます。たとえば、第二次大戦や朝鮮戦争でアメリカが使用した銃器（Ｍ１小銃やＭ１９１９機関銃）を現用ＮＡＴＯ弾に合わせて改修し、予備役用として維持してきた国は多いのです。それどころか、日露戦争当時のロシア軍の小銃は、現在ロシア軍が使っている機関銃弾をそのまま撃てます。

また、砲弾・爆弾の類などは、信管（点火・爆発装置）だけは新しく作らなければいけませんが、砲弾・爆弾そのものは古くても使えるのです。ただしロケット弾はロケットモーター（ロケット推進機関）の推進薬も新品に換えないといけません。何が劣化し、何がそのまま使えるのか、それに応じた兵站体制も必要です。

またウクライナ紛争でロシア軍を見ると、新兵器は不足していますが、冷戦期の装備なら山のようにストックしていて、少し直せば使える兵器がふんだんにあることがわかります。そのため旧式装備に関しては、損耗が大きくてもロシアはあまり打撃を受けないのです。

映像を見ていても古い兵器がたくさんです。強襲戦闘車ＢＭＤ－１（ソ連の空挺部隊や海軍歩兵が主用。空中投下が可能）は一九八五年には製造が終わっている車ですし、ＢＭＰ−１（ソ連が初めて開発した歩兵戦闘車）は、さらに古く一九八〇年ころ生産中止になっています。ＢＭＰ−２（ＢＭＰ−１の改良型）にしても一九八〇年代のアフガニスタン戦の主力です。一九六一年に先行量産型（増加試作型）の生産が始まったT−62戦車ですら現役復帰しています。

そういう古い車両がふんだんに使用されており、冷戦期に製造した兵器のストックが潤沢であることがわかります。これからも、いくらでも出てくるでしょう。

武器弾薬を多めに持っていると、部隊は迅速に移動できます。とくに重装備部隊の場合、兵員が空身で移動して、そこにストックしてある武器弾薬を受け取ることもできます。たとえば、九州が危ないというとき、北海道の千歳の戦車隊が自分たちの戦車はそのまま北海道に置いておいて、人員だけ移動し、九州の飛行場にストックしてある戦車を受領して、九州の任務に就くことができます。

自衛隊に、そんなストックはありません。定数ぎりぎりあれば良いほうです。だから駐屯地や訓練場の嵩《かさ》張る戦車や武器を、時間と労力を費やしながら運ばないといけないのです。即応すべき部隊が空身で移動できるようにするために、あるいは、なにかあったときにすぐに船で輸送するために港にも定数外の兵器を備蓄しておくことも必要でしょう。そして、備蓄には新品でなく寿命を残して保管体制にした武器でも役立ちます。

飛行場の敷地内に倉庫を作っておけば、移動もすみやかにできます。飛行場はどうせ騒音がひどいところなのですから、住宅地ほか生活する場所には不向きです。しかも、プレハブ倉庫を作って古い兵器を保管しておくほうが、スクラップにするよりずっと安あがりです。

ところが自衛隊では古い装備を引退させるときスクラップにしてしまいます。スクラップにすることが、新装備を買う条件になっているからです。そうでないと財務省が予算を認めない。そして、寿命いっぱい使わずに早めにスクラップにすれば、これまた役人からお叱りを受ける。これらは法律で決まっていることではなく、ほとんど慣習的に、そういうことになっているのです。軍事合理性を考えて「有事膨張分を保管したい」と言うと、「予算の先取りだ」として財務省に却下される。予算先取り論で有事体制が作れないようにされているのです。

制空権があるとなしでは戦い方が違う

制空権（航空優勢）がなければ、陸上戦力は移動できません。制空権確保の主な手段は空軍力ですが、局地的な制空権であれば陸上配備の地対空ミサイルでも有効です。地上戦力は、限定的な制空権があれば陸上機動ができますが、その場合、各級部隊に潤沢な高射火器※が必要です。

地対空ミサイルで局地的な制空権を確保した最初の例は第四次中東戦争（一九七三年一〇月）で、エジプト軍がスエズ運河西岸に多数の地対空ミサイルを並べて、イスラエル空軍を防ぐ槍《やり》衾《ぶすま》を形成したときです。現在、ウクライナ兵は西側から多くのスティンガー※等の対空ミサイルを受け取って、以前から持っていた旧ソ連製ミサイルと合わせて、なんとかロシア軍と戦えています。

しかし、日本がウクライナと同様の状況に置かれた場合、陸上自衛隊が携行ＳＡＭ※や近ＳＡＭを潤沢に持っていなかったら、部隊は移動不可能になります。

※**高射火器**　高射砲（敵の航空機を迎撃するため高角度の仰角をとれるようになっている砲。高角砲、対空砲と同義）、高射機関砲と地対空ミサイルの総称。小型の機関銃でも空の目標に向けて撃っているときは高射火器である。

※**スティンガー**　高射火器のうちコンパクトで持ち運びが簡単なアメリカ製の携帯型地対空ミサイル。

※**ＳＡＭ**　Surface Air Missile：地対空ミサイル。

現在自衛隊が装備している携行ＳＡＭは、91式携帯地対空誘導弾（ＳＡＭ-2スティンガーの後継として国内で開発した）。

冷戦末期、陸上自衛隊ではスティンガー携ＳＡＭが中隊に一発という割当でした。現在その後継の91式携ＳＡＭをどの程度保有しているのか知りませんが、昨今のウクライナ紛争を見ると、少なくとも小隊に二～三発はなかったら話にならないということはわかります。

現在ではドローン等に対処するため極超低空（空地中間領域）防空の必要性も認識されてきました。

FIM−92 スティンガー（ウィキペディア）

近SAM:93式近距離地対空誘導弾。SAM-3（陸上自衛隊HP）

陸上自衛隊HP

1-6 軽装備部隊とは何か

戦域間機動力に優れる

軽装備部隊は、戦域間機動力が優れています。しかし、戦場内機動力は劣悪です。いったん接敵したら前進はできなくなります。それどころか敵の砲火が激しければ遅滞防御戦闘でも大きな出血を強いられる。

しかし、重装備部隊が主力になって攻勢に転じるときでも、側方警戒や浸透などの任に就きます。

軽装備部隊という言葉は、一般的には、小銃（ライフル）・機関銃などの小火器や手榴弾のほか、現代ではグレネード・ランチャー（小型の榴弾を発射する兵器）、携行式対戦車ミサイル、携行式対空ミサイル、迫撃砲などだけで固めた部隊であると理解されています。

しかし軽装備部隊といったときには、上記のような軽装備だけを装備している部隊とは限りません。大砲を装備している場合もある。冷戦後、各国の軽装備部隊では、装輪式の装甲兵員輸送車を多用するようになりました。

軽装備部隊の車両は、地形により例外もありますが、装輪車の場合が多い。装備はヘリコプターで空輪が可能なものも多いです。もちろんトラックに積める小型のブルドーザーやパワーシャベルなどもあります。

96式40mm自動擲弾銃［グレネードランチャー］（陸上自衛隊HP）

昔日本軍には銀輪部隊という自転車で移動する歩兵大隊もありました。今日、ウクライナ軍は電動装置付きマウンテンバイクを使っているようです。

ところで、私は、軽装備部隊という言葉を日本で使うとき、装備の範囲を限定しすぎていると思います。自衛隊の常識では、装甲している車両はたいてい重装備だと位置づけられていますし、大砲も重装備であると認識されています。

しかし先に書いたように、軽装備と重装備の区別は、日本の地形とくに道路との関連で決めるべきです。道路運送車両法の制約条件で考えるべきです。つまり、公道を一般車両と同じ条件で、車線をまたがずに走行できる車両です。車幅二・五

96式装輪装甲車[装輪式兵員輸送車:WAPC]

メートル未満、全長一二メートル未満、車高三・四メートル未満の車両なら軽装備であると定義するべきでしょう。その範囲の装備で固めている部隊なら、軽装備部隊です。

ですから、たとえば、96式装輪装甲車は日本の道路事情に配慮して設計された車両なので「軽装備」です。ぜひとも製造を再開してもらいたいものです。また19式装輪自走一五五㎜砲榴弾砲も「軽装備」の範疇に入ります。多連装ロケット自走発射機M142(ハイマース)も「軽装備」です。軽装備は、戦域間機動力は優れていますが戦場内機動力は劣っています。

一方、上記システムと同じ弾薬を使う99式自走155㎜砲榴弾砲、そして、多連装ロケットシステム自走発射機M270(MLRS)は、戦域間機動力は劣り戦場内機動力は優れた「重装備」です。

そして、高さ二・四四メートルの二〇フィート国際標準コンテナ（全幅二・四四メートル、全長六・〇六メートル）を搭載したトラックも、特に荷台の高さが高い型でない限り、全高三・四メートル以内に入ります。一方、二・六メートル以上のコンテナは高すぎます。

けれども敵の中枢を叩くＣ４ＩＳＲ攻撃（１０１頁参照）、たとえば無線を傍受して、敵の指揮・通信系統に対する砲撃を加えたりする戦い方は軽装備部隊だけでは荷が重すぎます。また軽装備の旅団では対砲兵戦闘ができるだけの数の大砲は装備できないでしょう。軽装備部隊だけで作戦を完遂することはできません。結局、相手の施設などを破壊するには重火器が必要ですから、そのような大規模な砲兵戦闘は軽装備部隊では実施できません。

精鋭の空挺部隊

軽装備部隊の中でも精鋭を自負するのが空挺部隊（空中挺進部隊、落下傘部隊）です。もともとは、「空の神兵」で歌われたように丸い落下傘で降下するか、グライダーで強行着陸するものでした。グライダーを使うのは非常に危険なため、第二次大戦後、強行着陸用のグライダーは姿を消しました。

しかし輸送機から降下するためには、輸送機はかなり高く飛ばないといけません。低空飛行では落下傘が開くまでの時間がないからです。しかし十分な高度を取れば敵のレーダーに発見されたり、対空火器や戦闘機に攻撃されたりする確率が上がる。つまり現代では、そのような

空挺部隊（第1空挺団HP）

落下傘降下できる状況とは、制空権があり、かつ、防空制圧を終えた後に限られます。勝ち戦のときだけ。現実にはヘリコプターで機動するほうが多いです。

適地に降下する場合でも、味方の機甲部隊による救援を受けられなくなるような遠くには投入できません。師団規模でも降下するのはせいぜい前線から三〇〇キロメートル以内です。

空挺部隊は、予備役では務まらないので充足率が高く、よく訓練されていて即応性が高いために、空挺降下の無用な任務にも便利屋的に投入されがちです。外国ではクーデターに使われることがあります。

習志野に空挺部隊があり、古典的な丸い落下傘での訓練も行っています。しかし実際に多数の丸い落下傘を使うには広く開けた降下適地が必要ですが、日本国内の場合、適地は非常に少ないでしょう。おそらく空港ぐらいでしょうが、空港なら飛行機で強行着陸すればいいわけです。

しかも今はヘリコプターやオスプレイ※で建物の屋上などにリペリング※で兵員を降ろせるようになったので、降下できる場所が増えています。ヘリコプターの行動半径はたいてい二〇〇キロメートル程度ですが、オスプレイは三〇〇キロメートルもあります。そこで、固定翼機からの落下傘降下の必要性は大幅に減じたというわけです。空挺隊員でなくてもリペリングの訓練くらいは普通にできます。

※オスプレイ　中型輸送機V-22の愛称。固定翼機の高速移動能力・航続距離とヘリコプターの垂直離着陸・ホバリング（空中停止）能力をあわせ持つティルトローター（tilt-rotor回転翼を傾けることができる）機。
※リペリング　懸垂下降。もともと登山用語だが、軍隊ではヘリコプターなどが着陸不能な場合に空中停止しながら隊員を降下させること。英語にはフランス語由来のrappellingとドイツ語由来のabseilingがある。日本語では「リペリング」もしくは「ラペリング」。

もちろん砲爆撃で使えなくなった空港や飛行場に下ろすということはあり得ますが、そもそも日本の地形に関して空挺適地がどれだけあるか、小まめに資料を更新しているのか。防衛大学校の落下傘クラブ部員が、対地高度と気圧高度の区別を知らなかったという話があります。部活ですから絶対に安全な環境の訓練しかしていないのは良い。しかし、それ以外の場所での降下について考える教育もしていないというのは問題です。

個人で携行できない重い装備は、輸送機から別途落とすか、ヘリコプターで空輸します。

実は輸送機ならではの貨物を降ろす方法もあります。敵のレーダーに探知されないよう地表すれすれを飛びながら重量物を降ろすＬＡＰＥＳ（Low Altitude Parachute Extraction System：低高度パラシュート抽出システム）という方法です。毎回パレットを使い捨てにするので、自衛隊ではパレットの経費が高いからと、余り訓練をしていません。ＬＡＰＥＳは、映画「００７」にも出てきます。

空挺部隊も車両は必要

空挺部隊はいつも装甲車両なしで戦うのでしょうか。たしかに米国の空挺師団には装甲車両は少ない。しかし昔は軽戦車も持っていました。またロシアの空挺部隊はＢＭＤ（強襲戦闘車）を多数持っています。また、イスラエルの空挺部隊は滅多に空挺作戦は行わず、ほとんど歩兵として運用されていますが、兵員装甲輸送車に乗っていることが多いです。「ピカチュウ隊長」で名高いウクライナの空挺部隊も他の陸軍部隊と同じような装備で同じように運用されています。空挺部隊といっても滅多に降下作戦は実施しないのですから、装甲車両が手配できるようでなくては貴重な隊員が犬死にしてしまいます。

ところで、大抵の国の空挺部隊では教育しているのに、自衛隊の空挺団では行っていない科目があります。それは「自動車泥棒」です。降下したところで自動車を片端から徴発していかなくては機動力が確保できません。戦場で自動車の持ち主と連絡をとるのはまず無理でしょうから、実際には借用書を置いて車を持ち去るのです。そのために、鍵なしでドアを開け、エンジンを起動する技能が必要なのです。隊員やＯＢが犯罪に走るのではないかと危惧してその技能を教えていないのかも知れない。しかし空挺部隊には必須の技能です。

ミサイル車両には装甲なし？

各国では、対戦車ミサイルや対空ミサイルを搭載した車両は装甲車両である場合が多い。ところが日本では、96式多目的誘導弾システムでも、中距離多目的誘導弾でも、11式短距離地対空誘導弾でも、93式近距離地対空誘導弾でも、どれも装甲のない車両に搭載されています。それから、射程の長い12式地対艦誘導弾（及び前任の88式地対艦誘導弾）システムでも、発射台が無装甲なのは構わないのですが、捜索標定レーダー装置を搭載している車両が無装甲なのは解せません。たとえ簡素な装甲でも多少の爆風や破片には耐えられます。

偵察車両の項でも書きましたが、多くの場合、そのような誘導弾発射母体になる装甲車両として96式装輪装甲車の派生型を開発したら良いと思います。それは航空自衛隊が使っている基地防空用地対空誘導弾についても同様です。それから、近ＳＡＭでも、装甲車搭載にすれば捜索探知・射撃統制装置をマストで高く上げられるでしょう。そうであれば、発射後に捕捉する（空中ロックオン：Lock-on after Launch）システムにして、有効射程を増加させられるかもしれません。

1-7 重装備部隊

重装備部隊とは戦車、装甲車、自走砲などの重火器を装備した機械化装甲部隊です。反転攻勢には欠かせません。また、重装備部隊なしでは遅滞防御戦闘を行うことも困難です。重装備部隊は、敵の火力に耐えながら戦場を機動します。つまり戦場内機動力は優れている。しかし重い装備が主力なので、戦域間機動力は劣っています。そして戦車は単独では行動できません。必ず随伴する歩兵や砲兵、工兵が必要です。

それから、空挺でなくてもレンジャーならカラシニコフ自動小銃での訓練も必須です。潜入した敵占領地で敵の銃や弾薬を奪う利点もありますし、敵の銃と同じ銃声なので相手を混乱させることもできます。

重装備部隊の車両は重いだけではなく車体の幅が広い。そこで、前線への移動に先立って交通統制が行われます。原則として道路は一方通行とされ、車両はしばしば車線をまたいで進軍します。

そして、戦闘の仕方の分類として大きく間接戦闘と目視戦闘の二つがあります。間接戦闘は敵が見えない位置での戦闘で主に砲兵の戦いです。目視戦闘は直接敵を見て行う戦闘で、歩兵、戦車、戦闘工兵など。軽装備部隊では砲兵が少ないので目視戦闘が主ですが、重装備部隊は間接戦闘と目視戦闘の両方を駆使します。

重戦闘では兵力一万人あたり毎日一〇〇〇トン以上の弾薬を射耗します。そのうち約八割は大砲の砲弾です。

砲兵の最優先攻撃目標は「C４ISR」

砲兵と高射砲兵（対空ミサイルや対空機関砲を保有）は「間接戦闘職種」です。

高射部隊の重要性はウクライナ紛争を見てもよくわかると思います。航空戦力が圧倒的に不利なウクライナでもなんとかロシアに対抗できているのは、携行ＳＡＭが充実しているからです。

現代の戦争で勝利をおさめるにはＣ４Ｉが重要な要素と考えられています。Ｃ４ＩとはCommand（指揮）、Control（統制）、Communications（通信）、Computer（コンピュータ）の四つのＣとIntelligence（情報）のこと。最近は、それにSurveillance（監視）、Reconnaissance（偵察）を加えてＣ４ＩＳＲと呼ぶことが多いです。

そして砲兵の最優先攻撃目標はＣ４ＩＳＲです。つまり敵の通信・情報網を破壊すべく、指揮通信中枢をまず攻撃します。Ｃ４ＩＳＲ攻撃には、目標を射程内におさめる全火力を瞬発投入するのです。

冷戦時代には、実は、この点で西側の軍隊より旧ソ連軍のほうが進んでいました。そのためソ連軍の教育を受けていたエジプト軍は第四次中東戦争初頭にイスラエル軍のマンドラー将軍を仕留めました。今もその考え方は踏襲されていて、チェチェン紛争でロシア軍がマスハドフ大統領を殺害したのも同様の方法によります。

ウクライナ軍も砲兵は分散して砲列をしかず、目標には集中砲火を浴びせています。旧ソ連軍時代に養った攻撃方法が、コンピュータの導入によって素早く展開できるようになりました。現在のウクライナの砲兵戦術は、旧ソ連型の理想論を、西側製のテクノロジーを組み合わせて実現したものと私は理解しています。

対砲兵戦

対C4ISR戦や対砲兵戦は、一般支援（General Support：GS）射撃といいます。C4ISR攻撃の次に大事な砲兵の役目が対砲兵戦です。砲兵は前進観測班（近年は必ず小型ドローンを装備している）や対砲レーダー（敵の砲弾の弾道を探知、検出して発射地点を割り出す）が標定した敵の位置に間髪を入れず大量の弾を打ち込むのです。射撃を担当する砲班は敵を目視しません。

一九七〇年頃までは対C4ISR戦や対砲兵戦は野戦軍や方面軍直轄の独立野戦重砲兵部隊の担当でした。師団砲兵にはそこまでの能力は求められていませんでした。しかし第四次中東戦争の教訓から、師団や独立混成旅団でもGS火力を持ち、軍や方面軍直轄の野戦重砲連隊の配属を受けなくても、空軍の近接航空支援を受けられなくても、戦えるようになることが必要だと認識されました。冷戦末期、列強の陸軍は、その教訓を汲んで改編されました。

イギリスが開発した戦法「移動弾幕射撃」

砲兵による、味方の歩兵や戦車など目視戦闘部隊を支援して、部隊の進撃や後退を支援することを「直接支援（Direct Support：DS）射撃」といいます。攻撃前準備射撃では短時間に大火力を発揮することが大切なのに対して、その他の場合は持続性が重視されます。敵を継続的に制圧し続けて味方の機動を助けるためには、移動弾幕射撃が有効です。第一次大戦でイギリスが開発した戦い方で、朝鮮戦争でも国連軍が多用していた戦法でした。砲弾は、味方部隊の上を飛び越えて、敵に落ちていくわけです。それも、味方の進撃や退却と時間あわせをして、味方を加害しないギリギリの場所に弾丸を落として敵に頭を上げさせないようにするのです。

第二次大戦前から機甲部隊が発達してくると、高速で起動する機甲部隊を砲兵が時間調整をしながら火力支援することも、機甲部隊が砲兵の射程外に進出しないよう砲兵が追随することも、無理になった。そこで、一時期、重装備部隊に対して移動弾幕射撃で支援するという戦法は捨て去られていました。

ところが近年、データリンクの発達と、砲の射程向上が相まって、重装備部隊を移動弾幕射撃で支援するという戦法が実施可能になりました。部隊の前進に合わせて砲兵も前進しなくてはなりませんから、自走砲が必要です。それもキャタピラ式の自走砲が必要になる場合も多い。

弾薬量が全然足りない

弾薬で最も消費トン数が多いのが野砲弾です。重戦闘で射耗する弾薬の約八割を占めます。近代的な重戦闘を遂行できるようにしようと思えば、最低でも一五五㎜榴弾砲二四門と、毎日一門あたり一〇〇〜二〇〇発の射撃を支える兵站体制が必要です。独立混成旅団で二四門ですから一週間継戦分なら砲弾を二〜三万発（装薬込で二〜三千トン）携行しなければいけません。つまりその他の弾薬を含めれば四千トンくらいは携行できなくてはならないのです。以前、某陸上自衛官にこの話をしたら、「そんなのムリだ」と絶句されましたが。

毎年、自衛隊は、富士総合火力演習（総火演）を行います。もともとは自衛隊の若手幹部に近代火力を実感させるために始まったもので、それが一般の人々にも公開されて見学できるようになったものです。いつの間にか、本来の役割よりも広報活動としての面が強調されるようになってしまいました。

日本最大規模の軍事演習だと銘打っています。二〇二二年五月二八日の一日で使用された弾薬は約五七トンでした。重戦闘となれば四千人の旅団が二時間半で使い切ってしまう程度の量です。

https://news.yahoo.co.jp/articles/6829fcb073df9385cf455e0430e09cb6697d67aa

重装備目視戦闘部隊の特徴

敵と近接して（直接、目で見て）戦う部隊を目視戦闘部隊といいます。

重装備の師団・旅団は編制定員数一〇〇〇人に一両以上の割で戦車を保有します。たとえば一万人の師団なら戦車は一〇〇両以上、五〇〇〇人の旅団なら戦車五〇両以上の計算になります。

そして、前述のように戦車は単独では動けません。編制定員数一〇〇〇人に二両以上の割で装甲兵員輸送車（ＡＰＣ：Armored Personnel Carrier）または機械化歩兵戦闘車（ＩＦＶ：Infantry Fighting Vehicle）が必要です。一万人の師団なら二〇〇両以上。そして、ＡＰＣやＩＦＶのうち少なくとも戦車の数の半分を上回る数は装軌式（キャタピラ式）にします。そうでないと悪路で戦車に随伴できません。

なお、先に軽装備部隊は全幅二・五メートル以内の車両で固めなくてはならないと述べましたが、それは国家としての防衛体制が整っていないうちに出動し現場に急行しなくてはならないからです。

「歩兵戦闘車」イギリス・ウォーリア(ウィキペディア)

それに対して重装備部隊が反攻作戦を始めるころには交通統制も始まっています。いったん交通統制が始まったら、道路は一方通行になるよう決められます。そして戦車や装軌式自走砲、機械化戦闘車などは、車線をまたいで走っていけます。ですからそのような重車両は車幅二・五メートルの制約を受けなくて良いのです。

また、陸上機動の際の最大の難点は橋などによる制約です。戦闘工兵による橋の補強や修繕、障害物の除去等が必要となってきます。

そのほか師団は、通信大隊と電子戦大隊を別個に保有します。自衛隊のように通信隊が電子戦を片手間にやっているようではいけません。

ざっくりまとめると、重装備目視戦闘部隊は最低限でも総員四〇〇〇人以上、戦車五〇両以上、歩兵戦闘車（ＩＦＶ）または装甲兵員輸送車（ＡＰＣ）一〇〇両以上、砲二四門以上を保有するのが相場でしょう。歩兵戦闘車や装甲兵員輸送車のうち、少なくとも戦車の数の半分は装軌（キャタピラ）式でなくてはなりません。一週間、なんとか熾烈な戦闘を戦える部隊のギリギリの基準です。そして一週間、撃ち続けるためには、前述のように、四〇〇〇トンの弾薬類を運びながらの戦いです。

戦車師団（旅団）と機械化歩兵師団（旅団）の違い

「機甲」とは「機械化装甲」の略語です。機甲部隊には、戦車部隊と機械化歩兵部隊がありますが、区別していない国もある。名前は単に伝統の継承という場合もあります。どちらも多数の戦車と装甲車両に乗った機械化歩兵を主兵としています。

「戦車師団」と「機械化歩兵師団」、「戦車旅団」と「機械化歩兵旅団」、どちらも重装備師団で戦車と機械化歩兵を中心に編成されています。何が違うのか。戦車の比率が高ければ戦車師団（旅団）といい、機械化歩兵の比率が高ければ機械化歩兵師団（旅団）というのです。歩兵大隊（または中隊）と戦車大隊（または中隊）の比率は七：三から四：六ぐらいです。どちらが主になるかで部隊の名前が変わりますが、基本は同じです。同一比率という場合もあります。たとえば冷戦期の西ドイツの機甲師団などは半々でした。

比率は地形や目的に応じて変えます。防御戦なのか、敵陣を突破するのか、掩護部隊（後述）として使うのかなどによって違ってきます。しかし、指揮官教育が異なるわけでもなく、隊員も同じようなものです。

師団の機械化歩兵大隊と戦車大隊の数が計一〇個だとしましょう。機械化歩兵師団でも最低三個大隊は戦車大隊になります。逆に戦車師団でも四割ぐらい機械化歩兵大隊を持っている。

90式戦車（陸上自衛隊HP）

そんな相場感を持っていただければよいと思います。

陸上自衛隊内には長らく戦車の集中運用か歩兵分属かという議論がありますが、実に変な話です。戦車を歩兵に分属することはあり得るけれども、機械化歩兵を伴わない戦車隊などないのです。

ところで、序章で安倍内閣以来の日本政府が、最盛期に一二〇〇両あった戦車を三〇〇両にまで減らそうとしていると話しました。具体的には90式戦車三四一両のうち、一〇〇両ほどを引退させ、10式戦車を六〇両と90式戦車の残りを合わせて三〇〇両まで減らすのが今の計画です。それにFH70（大砲）もどんどん減らす。

冷戦後の自衛隊は戦車を減らすばかりでなく、キャタピラ式の装甲車も無くす方向に進んでいます。昔は歩兵は徒歩行軍していましたが、今は車両に乗って移動します。戦車が歩兵に随伴する場合は、歩兵用の装甲車は装輪車でも間に合うでしょう。しかし戦車に歩兵が随伴する場合は、歩兵用装甲車も装軌式（キャタピラ式）が必要です。つまり、現状の自衛隊は取られた土地を取り返す部隊を捨てているのです。

戦車以外でも、新しい装備を導入する予算がなくて調達が減っています。年間調達量が減ると単価が高騰します。それでコマツをはじめ多くの企業が防衛産業から撤退してしまいました。国内から調達できなくなれば、ますます輸入依存になってしまいます。陸上自衛隊はずっと国産中心主義でやってきましたが、もはや輸入に依存せざるを得ない。それは安倍首相のもとで調達をおもいっきり減らされたせいです。

掩護部隊（Covering Force）

機甲部隊の晴れ舞台が、掩護部隊として使われるときです。

掩護部隊（Covering Force）とは接敵機動や攻撃、防御等において主力の前方を広地域にわたり行動し、主力の行動の自由と安全を確保するため、敵情・地形等の解明および敵の拘束、遅滞等を行う警戒部隊で、普通、作戦部隊指揮官が配置します（眞邉正之『防衛用語辞典』国書刊行会、二〇〇〇年、一二一頁）。

あからさまに攻撃して敵状をさぐる威力偵察にも使うことがあります。

燃料補給は輸送ヘリで行うこともあります。戦場は道路が破壊されているので、先行する部隊に対してトラックのようなタイヤの車両ではキャタピラ式の車両に追いつけません。そのため輸送ヘリで合成樹脂製のパック（バッグ）に入れて前線の機甲部隊に吊り下げ空輸し、補給することもあります。旧ソ連軍で確立された方法で、新しい戦術ではありませんが、これについて話すと陸上自衛隊員が驚きます。燃料をぶら下げて超低空を輸送ヘリで飛んだりしたら「危険だ！」と官僚に怒られると。それに、そのためのパックなど自衛隊は持っていません。

掩護部隊の実例で有名なものが第二次大戦中にいくつかありますので紹介します。

佐伯支隊は、捜索第五連隊（佐伯静夫中佐）に戦車第一連隊第三中隊と山砲※中隊などを配属して編成された部隊です。一九四一年一二月、マレー作戦※初期にタイとマレーシアの国境に構築された防御陣地「ジットラライン」を突破しました。

※山砲　山岳地帯や不整地など通常の野砲では対応できないところで用いる小型軽量の大砲。分解可能。
※マレー作戦　海軍の真珠湾攻撃とほぼ同時に陸軍が展開した南方進軍作戦の一つ。

一九四二年一月上旬、マレー作戦で戦車第六連隊第四中隊（島田豊作少佐）に歩兵一〇〇人と工兵二〇人を配属して援護部隊を編成し、敵陣突破をしました。突破した後を主力の歩兵師団が進撃し占領しました。

一九四四年一二月に西部戦線でのドイツ軍最後の大攻勢となった「ルンシュテット攻勢」

（いわゆる「バルジ大作戦」）が行われました。作戦は大失敗でしたが、ここで援護部隊として有名になったのがパイパー連隊戦闘団です。武装親衛隊第一装甲師団戦車連隊（ヨアヒム〈ヨッヘン〉・パイパー中佐）に所要の部隊を配属して五〇〇〇人強の連隊戦闘団にしたものです。五〇〇〇人規模の部隊長が中佐というと、また陸上自衛隊員に驚かれます。この規模になると、自衛隊では将補か将が指揮します。しかし中佐にこれくらいの部隊を指揮できる能力があるのが世界標準です。ここでも相場感に違いがある。

機械化装甲部隊の最大規模は、予期される戦場地形と紛争様態に応じて決定されます。小規模な建制部隊が掩護部隊となる場合もあります。たとえば朝鮮戦争期の米軍や初期自衛隊の偵察隊です。定員一五〇人ほどでした。

大規模な建制部隊の例は冷戦期にソ連軍がヨーロッパ正面の各方面軍に配属していた戦車軍です。四個戦車師団を基幹とし、戦車は一三四〇両ありました。これを一気に、もちろん機械化歩兵などを随伴させながら、突撃させます。この部隊の変わっているところは、砲兵に対砲兵戦の任務がないことです。対砲兵戦は敵を標定するなど面倒なので、とにかく敵がいたら突っ込んでいけという考え方でした。何が何でもライン川まで到達できなければいけないとして、大量に損失が出ても、ある程度まとまった数の戦車が生き残れるように一三〇〇両もの戦車を一気に突っ込ませようという体制です。

日本の地形では、各種車両総数三〇〇両以内の部隊が、相当の自由度をもって機動しながら戦わなくてはいけません。そのような大隊戦闘団（または混成連隊）が複数、独立混成旅団司令部に隷属するわけです。

威力偵察部隊

軍隊は必ず敵情を探りながら戦います。軍のなかには敵情を探る任務に特化した「偵察」部隊があります。軍隊の行う偵察（reconnaissance）は隠密偵察（scout）と威力偵察（reconnaissance in force）があります。

隠密偵察は「斥候」ともいい、敵に見つからないようにしながら敵情を探ります。

威力偵察は、敵を適度に攻撃しながら、相手側の反応を見て、敵情を探ります。威力偵察は、重装備部隊でないと実施困難です。

旧日本陸軍では「捜索」といい、一部師団の捜索隊は戦車中隊も持っていました。自衛隊でも一九六一年改編以前は、すべての管区隊と混成団に軽戦車七両と兵員装甲輸送車四両などを持つ偵察隊がありました。改編後は、装甲兵力のある偵察隊は第七師団だけになりましたが、それでも一九八六年改編までは各師団の戦車大隊本部情報小隊に戦車二両が配属されていました。

日本陸軍の捜索隊が最も活躍した例は、先述した佐伯捜索隊です。戦車一個中隊の配属を受けた「捜索第五連隊」が敵陣を見事に突破してしまったのです。このように偵察隊とは敵が弱ければ掩護部隊に豹変するものなのです。

もう一つ捜索隊で大活躍した例は、岡村寧次麾下の戦車第三師団の捜索連隊です。捜索連隊の中の中戦車中隊は、中国での大陸打通作戦で、常に師団の先陣を切っていました。

重装備部隊の長距離輸送は鉄道または船

陸軍部隊の大規模な戦略機動は船か鉄道でしか行えません。一個師団を仮に一万人として、それだけの人員を飛行機で移動させようとしたら延べ一〇〇〇機も必要で、非現実的です。しかもそこには装備輸送の便は含めていません。つまり、一部のごく少人数以外は航空機では運べず、戦闘の主力になる部隊の遠距離輸送は船か鉄道でしか行えない。これは常識として知っておいてください。

しかも日本の場合は鉄道がほとんど使えません。日本の鉄道は物理的に重装備が運びにくいのです。ほとんどの路線で貨物の幅は三メートル未満。軽装備部隊の装備は運べても、重装備部隊に必要な戦車などは事実上、運べないのです。軽装備部隊の車両でも、車高が二・七メートルを超えると厳しいでしょう。つまり87式偵察警戒車や31／2tトラックや7tトラックなどを積んだ貨車が通過できないトンネルは多いでしょう。

ごく一部の路線では運べますが、どこの路線で運べ、どこの路線で運べないかなども自衛隊は把握しているか甚だ疑問です。

ＪＲ貨物も防衛には基本的に非協力的です。それどころか、先述したように、重度のガラパゴス化を患っています。ＪＲ独自規格の一二フィート貨物コンテナは商船に積めません。しかも国際標準コンテナですら背の高い型の鉄道輸送には障害があるのです。どのような大きさのものが、どこで輸送可能・不可能なのかそんな一覧リストぐらい作られてしかるべきだと思いますが、見たことはありません。

そのため弾薬や物資輸送はできても部隊輸送は鉄道では不可能なのです。

ここでは鉄道の左翼労働組合や革マル派の問題は捨象します。しかしそのような問題をいっさい抜きにしても、現代の日本の鉄道は軍事的に使い難いのです。

ヨーロッパでは二〇一七年より常設軍事協力枠組み（Permanent Structured Cooperation＝ＰＥＳＣＯ）が実働し、ＥＵの共通軍事運輸計画を作って、鉄道や道路での軍事輸送の標準化をはかっています。

「ＥＵ ＭＡＧ駐日欧州連合代表部の公式ウェブマガジン」は以下のように紹介しています。

ＰＥＳＣＯの17共同プロジェクトの一つである、軍隊の移動に関するプロジェクトには、最多の24カ国が参加しており、ＮＡＴＯの戦略にとっても極めて重要なものです。……ＮＡＴＯは、欧州東部での有事の際、バルト三国やポーランドにまで軍隊を増派しなければなりません。冷戦期は東西ドイツの国境を挟んでＮＡＴＯ軍とワルシャワ条約機構軍が対峙し、大西洋を越えて来援する米軍などを分断線まで増派する作戦計画がありましたが、現下ではNATOの加盟国拡大により、さらに東方まで軍事力を動かすことになります。この軍隊の移動に関してEUが貢献できる重要な役割は、民生分野でも用いられる道路や鉄道、空港、橋梁などのインフラの向上や、国境を越える軍事力の移動に関するさまざまな規制改訂などです。

(https://eumag.jp/questions/f0818/)

それにヨーロッパには、とくにEUの中心国であるドイツには、鉄道は軍事輸送を担うという前提がプロイセン時代からあり、線路の幅も日本の新幹線と同じで広いのです。戦車も増加装甲※を折りたたんだり外したりすれば、どれも三・四メートル以内におさまるようになっています。それによって戦車なども鉄道で軍事輸送できる。これに対して、日本は最高でも幅三メートルまでなので難しいのです。

※増加装甲　戦車や装甲車の防御力を増すために装甲の外側に追加される取り外し式の装甲。

本土攻撃を受けたら移動に鉄道は使えない

装軌車両は長距離機動のために、最前線に固定的に配備されている車両を除く全数と同数の戦車輸送車つまりトレーラーを持っているのが世界標準です。しかし自衛隊はトレーラーを僅かしか持っていません。通常の輸送は、日本通運（日通）に頼んでいるのです。自衛隊でトレーラーを増やそうとすると、日通から「請負仕事が減るからやめてくれ」と文句が出るのだとか。

しかしそれにしてもトレーラーで運べる距離は限られています。

もし本土有事になったとき、鉄道は真っ先に破壊されると思っておいたほうがいいでしょう。車両を攻撃しなくても線路を破壊してしまえば使えません。

その場合、精巧に作られた高規格鉄道ほど破壊された場合に、修復は困難で時間を要します。原始的な鉄道のほうが爆撃されてもすぐに復旧できます。民生用の便利さ快適さや高速性を追求した鉄道と、軍事輸送を考えた鉄道への要求は矛盾するところがあるのです。

それに攻撃を受け続けている段階では、線路が一カ所壊されて修復する間に、もっと別の箇所も破壊されるでしょう。本土戦で守勢の場合、鉄道での軍事輸送は期待しないほうがいい。

紛争中のウクライナで鉄道が機能しているのは、おそらくロシアが占領後に利用しようと思っているからでしょう。旧ソ連だった国ですから規格も同じで、そのまま使えます。それでロシアは破壊し尽くさないのでしょう。

陸上部隊を輸送する船舶がない

現代日本は重装備部隊を大々的に外国に送ることを考えていないとはいえ、南北に細長い島国で、しかも鉄道輸送があてにならない以上、国内の戦略機動であっても船舶輸送に頼ることになります。敵は日本海岸から攻めてくる。敵のいる日本海側で貨物船を航行させしようとしたら航空攻撃を受けますから、日本海側で戦略機動するのは不可能です。太平洋岸の陸上を自力で踏破するか、船で行くしかない。

重装備部隊の場合は陸上を自力で移動するのは困難です。ですから船を使います。その認識で重装備部隊の編制を作らなければいけません。しかし、現在、実際に行われていることは、それとは程遠い。「演習場に近いところに重装備を置いておこう」「歩兵なら歩兵、戦車なら戦車でまとめて置いておけば維持管理費用が安い」などと、優先事項が経費節減にあり、軍事効率にはないのです。

第二次大戦以来、平和に馴れきった一般の人は自覚がないかもしれませんが、「日本海はソ連の海」と言われていた時期もありました。一九七六年二月二日、アメリカのハロウェイ米海軍作戦部長は議会証言で、「アメリカは、かつて日本海で圧倒的な制海権を有していたが、今やそれを失った。その他のソ連周辺の重要地域でも、アメリカはかろうじて優勢を保っているにすぎない。今日では、われわれが日本海で行いたいどのような作戦も、ソ連が大目に見てくれなければできない」と嘆いていました。

とにかく、重装備部隊は軽装備部隊と違って船に積むことを前提に編制を作る必要があります。ここは認識しておくべきでしょう。

そして、有事に陸上自衛隊の部隊を運ぶ民間船舶の手配はできていません。敵の攻撃を受けたとき、傭船の船員をどのように守るのか、その議論は宙に浮いたままです。

重装備部隊を船で移動するときの教訓

重装備部隊は多くの装備を持ち、いろいろな部隊を混合した大所帯です。各種部隊、各種兵器があってはじめて成り立つので、構成バランスが悪くなると戦えなくなってしまいます。部隊の約三〇％が死んだり重症を負ったりしたら、組織的戦闘というのは困難になります。

古代の歩兵だけの部隊なら三割死んでも七割が残りますが、現代の軍隊はそういうわけにいきません。様々な異なる部隊が相互に支援する体制になっていますから、どれが欠けても困ります。

第二次大戦では、この点で大失敗をしています。南方へ部隊を移動させるのに、建制の部隊ごとに同じ船に乗せ、弾薬等の物資輸送もそれぞれまとめて輸送していました。ある船には歩兵連隊、ある船には何ミリ砲の弾薬という積み方だったため、船が一隻沈められただけでも、ある人員、装備がまるごとなくなってしまいます。そのため、上陸したあとの戦闘序列全体のバランスが悪くなってしまい非常に不利な状況を生みました。

もし、船一隻ごとに、それぞれが戦闘単位になるように人員と装備が積まれていたら、同数の船が沈められたとしても、残りを合わせた戦闘能力はずっと高かったはずです。非常時に、平時的な船積みをしていたということです。そのため、フィリピン戦線では上陸したときから部隊はガタガタでした。これも戦訓から大いに学ぶべきことです。

しかし旧日本軍がすべて駄目だったかというと、そんなことはありません。末期の昭和二〇年四月六日編制の陸軍戦車隊はよく考えられていました。戦車連隊は一一九八人編制で戦車中隊四個、作業中隊（歩兵・工兵混成で三六八人編制）一個、自走砲が六門が定数でした。連隊二つを基幹として旅団が編成されました。非常に優れた編制でした。なぜ戦後、そのような考え方を忘れてしまったのか、惜しいことです。

共食い整備の訓練

重装備部隊の持つ装備は、戦場で破壊されたり、故障したりすることがあります。壊れたり故障したりした戦車や装甲車は、できるかぎり回収します。宿営地まで牽引するだけならば同等以上の重量のある車両なら何にでもできます。

行動不能になった戦車や装甲車を野営整備地で共食い整備をする、そのために作られた工作車両を回収車といいます。破壊された重車両を牽引して回収するだけなら戦車でもできる。「共食い整備」とは機械・器具の修理に際し、いくつかの壊れた機器の部品ないし部位を組み合わせ、使用可能な状態のものを作り上げることです。従来、90式戦車用までは「戦車回収

10式戦車(陸上自衛隊HP)

11式装軌車回収車(陸上自衛隊HP)

車」と言っていましたが、10式戦車になってから「装軌車回収車」と名前を変えました。

撃破された戦車は共食い整備すれば、一九七〇年代までの経験則では、三割ぐらいの数を再生できました。今はわかりません。それから撃破された戦車から使える部品を剝ぎ取って再利用するのは常識です。諸外国の軍では当然、共食い整備の教育をしていますが、自衛隊では予算不足のためか、そんな訓練は行われていません。

陸上自衛隊だけでなく、航空自衛隊でも、破損した飛行機を応急修理（戦闘損傷修理：BDR：battle damage repair）する訓練を行っていません。実戦では、使えるものは何でも使って、戦力を回復させなければなりません。しかし、自衛隊には継戦能力を高めようとするだけの余裕が与えられていないのです。

ちなみに、第二次大戦末期のドイツ戦車は、組み立て式の手動式クレーンを携行していました。砲塔の上にはクレーンを載せるための突起が付いていて、エンジンや変速機の出し入れ、履帯の交換などに役立てていたのです。

帯に短し襷《たすき》に長し16式機動戦闘車

私は以前から述べているのですが、16式機動戦闘車は使う場がありません。

重装備部隊の主力にするには、装甲も火力も不十分です。装甲は、大きさも重さも武装もそっくりのイタリア製チェンタウロ（一九九〇年量産開始）と大同小異でしょうから、ロシアや

16式機動戦闘車（陸上自衛隊HP）

中国の空挺部隊や海兵隊が装備している車両の三〇㎜機関砲に耐えられません。一〇五㎜砲は、冷戦後に登場した戦車の正面を打ち抜けません。要するに現代の九五式軽戦車と呼ぶべき代物です。※

※九五式軽戦車　日本軍の戦車。日華事変初頭から第二次大戦末まで使われた。走行速度は速かったが、装甲は一二・七㎜重機関銃に耐えられず、火砲も弱かった。

軽装備部隊の車両としては、車幅（全幅二・九八メートル）が広すぎます。日本の道路の規格に合わせて幅二・五メートル未満でなければならず、法律は変えられても、日本の道路の多くが車幅二・五メートル未満の車両を前提に建設されているという事実は一朝一夕には変えられません。

二〇二二年四月八日、北海道長沼町の国道

で、16式機動戦闘車が路肩から脱落して横転しました。また、同年一二月一四日、東京都世田谷区砧の環状八号線で16式機動戦闘車が民間のトラックを追い越そうとしてミラーを接触させてしまうという事故を起こしました。乗員の過失のせいにして問題を矮小化してはいけません。多少の不注意で事故を起こしてしまうということは、馴れない道を踏破すべき車両として失格だということです。そもそも戦場は過誤が連続する場です。乗員に過失があってはいけないという前提で制度設計してはいけません。

16式機動戦闘車の代わりとして軽装備部隊の偵察車両の一案を提案しましょう。すでに生産を終了した96式装輪装甲車の製造を再開して派生型を開発するのです。もともとは乗員と同乗する普通科隊員と合わせて一〇人乗りですが、これを改造して普通科隊員を乗せず、代わりに対戦車ミサイルや短射程の対空ミサイル（近ＳＡＭ）、重機関銃を装備する。捜索と射撃統制に使う光学装置は、地上レーダー装置とともにマストで高く持ち上げられるようにします。そうすれば、日本の道路にあっているし、対戦車防御戦闘にも、対空自衛戦闘にも使える偵察車となります。欲を言えば、近ＳＡＭと対戦車ミサイルの両方の機能を兼備したミサイルを開発して装備したいところです。

外国製品は、日本の道路事情に適したものであれば導入して構わないでしょう。

ところで、装甲車＝重装備だと思っている人が多いですが、幅二・五メートル以内、高さ三・四メートル以内、全長一二メートル以下は、あくまでも軽装備部隊の装備です。

軽装甲車両を主体とする部隊

重装備部隊は重装備だけで固めているわけではありません。軽装甲車両でも機関銃や対戦車誘導弾を撃つことはできます。戦車のように強固ではなくても、爆風や破片からは防御でき、中遠距離からの小銃弾の直撃にも堪えられます。ただ、本格的に接敵したら機動できません。

そんな軽装甲車両を主体とする部隊は、重装備部隊が渡りにくい橋がある場合などに先行して防御体制をとり、工兵が橋を修理したり補強したりする時間を稼ぐような役目を果たす。ですから、重装備部隊の偵察隊であっても、援護部隊としても使える機甲偵察隊の他に、軽装備の偵察隊も建制の中に持っています。

あるいは偵察隊ですが、威力偵察を担当する機甲偵察隊だけでなく、隠密偵察を行う斥候部隊でも対戦車戦闘や対空戦闘の能力を持っていないといけません。偵察部隊は最前線中の最前線、どんどん前へ出なければいけませんから、接敵の可能性が高いわけです。そのときに戦車やヘリコプターへの対応能力がなかったら、情報を持って帰ることができません。

自衛隊の人に聞いたことがあります。

「偵察隊、対戦車ミサイル持っていませんね?」

「必要なときに配属すればいいんです」

真っ先に出動しなくてはならない偵察隊に、対戦車部隊を本当に配属してもらえるのか。その対戦車部隊が同じ駐屯地にいるとは限りません。大いに疑問です。

第四次中東戦争とベトナム戦争の戦訓

第四次中東戦争とベトナム戦争で得た戦訓は中途半端な部隊編成はよくないということでした。それ以前は歩兵師団に少数の戦車や大砲を配備するという建制（定常編制）もかなりあったのです。しかし、それでは重装備があるゆえに戦域間機動力が落ち、そして軽装備が主流だから戦場内機動力が悪い。両方の悪いところを足したような中途半端な部隊になってしまったのです。

その後、軽装備部隊と重装備部隊を建制上しっかり分けたほうがいいという考え方になりました。急いで駆けつける部隊と、反転攻勢の主力になる部隊は分けるようにする。軽装備部隊に重装備が必要なときには、戦地で戦闘序列を編成するときに配属すれば良い。それが世界の大勢です。

ところが日本では、限られた重装備を各部隊に薄く広く割り当てているだけですから、中途半端な運用しかできません。

遭遇戦への対応は、第三次、第四次中東戦争やベトナム戦争で大きな課題になりました。それは、瞬発火力と装甲防御力の一層の重視ということでした。

それから、重装備部隊に関しては、師団や独立混成旅団の砲兵に対Ｃ４Ｉ戦闘や対砲兵戦闘ができる能力が必要だとわかりました。軍団砲兵の支援なしに師団や独立混成旅団を運用できる必要性からです。要するに、一五五㎜砲二四門を統括的に運用できなくてはならないということです。

そして、各級部隊の防空能力強化が重視されるようになりました。そのことは、空軍による近接航空支援（最前線の敵地上部隊に対する攻撃）は行い難くなった、期待し難くなったということでもあります。ですから空軍による対地攻撃は、阻止攻撃（敵の方面司令部や飛行場や港湾や弾薬集積地やまだ戦闘に加入していない第二派、第三波地上部隊などに対する攻撃）に力点を置き、近接航空支援に求められていただけの火力支援能力を陸軍が自前で行えなくてはならなくなりました。当然、重装備部隊からは一〇五㎜榴弾砲は姿を消し、野戦砲兵は一部の軽装備部隊を除いて、一五五㎜砲で統一されるようになりました。師団砲兵に対C４I戦闘力や対砲兵戦闘の能力が要求されるようになりました。

しかし、基礎訓練しかできない自衛隊には改編の予算は付きませんでした。訓練は基礎的な陣地攻撃、陣地防御どまりでした。連隊や師団規模の遭遇戦訓練をほとんど行わないうちに冷戦が終わり、ますます訓練の予算が削られてしまいました。

モデル部隊を作って試行錯誤が王道

自衛隊を改善するのに奇策はありません。いろいろな改革案を出し、それが実現可能かどうかは、まず机上で検討し、ある程度見込みがありそうなものを試してみることです。実験用の装備を調達し、実験部隊に運用させ、対抗演習をしてみる。それで装備が使い物になるか、軍隊の編制をどう改変すべきかなど問題点の克服につながるのです。うまくいけば一般化するし、うまくいかなかったらまた変えてみる。組織を作っていく作業は試行錯誤の連続です。検証を経ていない辻褄《つじつま》合わせの議論や、まして行政上の都合で決めていいものではありません。

新兵器などは最初に導入されるときは常に、軍直轄や方面軍直轄の部隊で試験的に運用されます。やがて運用法が確立してくると師団、連隊、中隊といった固有編制に取り入れられるのです。

私はモデル部隊（範型部隊）の創設を提案します。モデル部隊とは試行錯誤をするための部隊です。

重装備部隊に関しては旅団単位で作らないといけません。独立混成旅団の一つを重装備部隊のモデル部隊に指定するのがいいでしょう。軽装備部隊の場合は連隊や大隊でもモデル部隊を作れます。

モデル部隊の将校には天才肌の人物を集めます。型にはまらない奇抜なアイディアを遠慮なく企画書に書き込めるような人たちです。組織の慣行に囚われない変人です。このような人たちは、アグレッサー部隊（仮想敵部隊）の指揮官にも向いています。

自衛隊にもさまざまな学校がありますが、多くの学生がいる学校組織では教科書どおりのことを教育できる人材を配置するので、そのような学校で新しい編制を研究しようとすると、決まった枠にとらわれて抑えがきいてしまいます。彼らは変化に抵抗感があるのです。しかし学校では秀才肌の人材は大切です。ですからたとえば富士学校の富士教導団の幹部は秀才肌だが望ましいのです。

新しいことを試みるモデル部隊は旧来の考え方にとらわれない天才型の柔軟な人材を集めて部隊を作らなければいけません。そこに予算を投入し、思う存分に試させましょう。

1-8 工兵隊（施設部隊）とは何か

工兵には戦闘工兵と建設工兵の二種類があります。

戦闘工兵（pioneer）は各級部隊の戦闘部隊の編制内にあります。歩兵も穴掘りなど工事に従事しなければならないし、工兵も戦闘せざるをえません。日本陸軍では第二次大戦末期、とくに硫黄島やペリリューの戦訓によって歩兵と工兵の融合が進み、一体化しました。とくに防御戦闘では歩兵も戦闘工兵も、事実上やることが一緒なのです。

昭和二〇年二月二八日編成の第一四〇～一六〇師団（一六個師団、欠番あり）には、工兵部隊がありません。先述した同年四月六日の戦車連隊編制では、連隊は歩兵と工兵あわせて三六八人の作業中隊を持っていました。

ただ、今では第二次大戦中のようにトーチカ（機関銃や砲などを備えたコンクリート製の防御陣地）に向かって火炎放射器を撃つなどという戦い方はほとんどありません。今なら火炎放射器より射程が長い軽機関銃を使います。火炎放射器ではせいぜい七〇メートルぐらいしか届かないので、迫っても返り討ちにあってしまいます。

しかし、橋の建造や補強の仕事は今も昔も大事です。

橋は壊すのが簡単で、敵も味方も相手の進行・移動を止めるために橋を破壊します。こちらが動きたければ速やかに渡河できる状態にしなければならないことがいかに大事か、ウクライナ紛争を見ていてもよくわかります。

ちなみに第二次大戦中のドイツ軍の戦闘工兵が携行していた組み立て式の橋は基本的に一六トンの重さに堪える設計でした。わずか一六トン対応と思われるかもしれませんが、マニュアルどおりに補強すると七〇トン戦車すら安全に通れたのです。訓練された工兵が効率よく作業する体制が整っていれば、十分な成果を発揮します。

これに対して建設工兵（engineer）は師団や旅団に配備するものではなく、方面軍直轄です。建設工兵が活躍したおもしろい例がアメリカにあります。首都ワシントンの主要建築物は連邦議会議事堂からオベリスクまで、ほとんど建設工兵が作ったものです。

もう少し軍事的なインフラ建設任務としては、鉄道の敷設があります。日本でも、かつて工兵が鉄道を建設しました。訓練で敷設した後、撤去しようとしたところ、民間会社が払い下げを希望したので払い下げた。それが現在の西武線鉄道です。

そして、基本的に方面軍直轄の建設工兵は、平時はあまり分散しません。平時編制では、建設企業とのタイアップがあれば予備役でも間に合います。建設会社ごとに中隊を供出するような体制にしておけば、チームワークもよく阿吽の呼吸で仕事がはかどるでしょう。

英語では「会社」も「中隊」もカンパニー（company）といいますが、これは偶然ではなく、もともと会社から徴兵したグループでそのまま中隊を編制し、会社単位で動員・復員していたからです。日本では一般社会の人間関係を完全に切り離して軍隊に入りましたが、彼の地では連続性があったのです。

1-9 日本の地理的な特性を考える

部隊を展開する上で地理は、まず知っておかなければならない大事な条件です。有事に砲爆撃により人工物が破壊されても基本的な地形は変わらないので、地理に関しては古い情報もそのまま使えることが多い。

防勢側が考えなければならないことは、脆弱な人工物、たとえば高規格鉄道や高速道路は、わずかに爆撃されただけで、すぐに使えなくなってしまうということです。精巧にできたものほど壊れやすく復旧が難しいので戦時には弱いのです。

開拓地形と錯雑地形

開けた地形を開拓地形といい、大規模な軍を展開することができます。

開拓地形では、大隊や連隊規模の大きな単位まで単一軍種部隊で編成し、それを組み合わせてもいい。それによって軍全体としての兵站・整備部隊をまとめることができ、規模やコストは相対的に小さくてすみます。

機甲衝撃力を発揮する集団突撃も可能です。砂漠や草原のような開拓地形なら、たとえば戦車師団三〇〇両の一斉突撃などもあり得ます。

ちなみにウクライナ紛争のロシア軍は、大隊単位の混成部隊が基本的な戦術単位になっています。ウクライナ東部～南部のように開けた地形では、これが適当なのでしょう。

しかし錯雑地形では、大部隊を動かすわけにはいきません。錯雑地形とは山や町々の入り組んだ複雑な地形です。日本は列島の中心部に山脈が走り、開拓地形は少なく錯雑地形が多いので錯雑地形に対応した陸軍が必要です。旧ユーゴスラビアやコーカサス地方なども錯雑地形ですから、旧ユーゴ紛争やアルメニア紛争、チェチェン紛争などから日本が学べることは多いはずです。

錯雑地形では、より小規模な単位まで職種連合部隊として独立して行動できるようにしておく必要があります。そもそも防勢では、小規模な単位まで職種連合部隊編制にして、打たれ強くしておかないといけないのですが、錯雑地形ではなおさらです。

ただ、この場合、末端部隊まで戦車や装甲車のメンテナンスなど必要な兵站・整備体制を整えなければなりませんから、全体に占める兵站や整備部隊の規模やコストが相対的に大きくなり、維持費も高くつきます。

自衛隊は予算を削れと要求され続けているため、職種部隊にまとめることによってコストを下げてきました。組織改編するたびに、それが繰り返されて、錯雑地形に対応した小回りの効く建制部隊が編成できずにいます。

小規模な職種連合部隊の例

軽装備部隊で、小規模な単位まで職種連合になっていた例が第二次大戦中の独ソ戦にみられます。

ドイツ軍、ソ連軍ともに、市街戦部隊は、歩兵中隊に工兵小隊や対戦車隊などを配属して編成していました。

またドイツ軍の対パルチザン掃討部隊は、中隊または小隊規模でした。

重装備部隊で、師団直轄で小規模単位を運用した例には、朝鮮戦争当時の米軍、および、それに倣って編成した初期自衛隊の偵察中隊があります。約一五〇人編成で、軽戦車七両、装甲兵員輸送車四両、ジープ二八台、トラック五台合わせて、車両が四八両です。八一㎜迫撃砲四門も持っていました。「おおすみ」型輸送艦でまるごと運べるのがこの規模でしょう。

もう一つは旧ユーゴ紛争におけるクロアチア陸軍の第二機甲機械化大隊、第三機甲機械化中隊です。その装備は戦車七両、機械化歩兵戦闘車四両、装甲兵員輸送車三両、軽斥候車一両でした（一九九一年一二月当時）。トラック等の数は資料がないのでよくわかりませんが、おそらく米軍の偵察中隊と同様に車両総数五〇両程度の部隊だったのではないかと推測しています。小隊まで混成編成にし、小隊三個が一つの中隊をなしていました。

錯雑地形はこのような中隊規模の混成部隊が戦闘の主力になります。

ヘリコプターは海兵隊型で

陸上自衛隊のヘリコプターは、アメリカ陸軍に準拠して整備されてきました。しかし今後は海兵隊に倣うべきでしょう。回転翼などを折りたたんで狭いところに収容できます。それは、一つには南西諸島の任務で海上自衛隊の艦艇に収容したり発着したりする必要があるからです。海兵隊機は始めから艦載運用を前提に設計されています。

そしてもう一つの理由は、基地ではなるべく掩体に入れておきたいからです。

何もアメリカ海兵隊とまったく同じ型で揃える必要はありません。良い例があります。陸上自衛隊が最近採用したUH－2（ベル412EPX）は、米海兵隊のUH－1N（ベル212）から現用UH－1Yに発展する過程の過渡期型といって良いタイプです。また、CH－47後継機として、双発のCH－53初期型（シコロスキーS65）を改良の上再生産すれば良いと思います。

ところで、政府は戦闘ヘリを廃止し、無人機と武装した汎用ヘリの組み合わせで代替する方針のようです。しかし、戦闘ヘリの後継機として役立つだけの電子装備を汎用ヘリに搭載しようとすれば、結局戦闘ヘリと同じ電子機器が必要になります。そのための改造開発にかかる経費と期間も巨額ですし、使い勝手も本来の戦闘ヘリには及ばないでしょう。結局高く付くはずです。ですから戦闘ヘリ廃止方針は愚策です。

しかしAH－64Dは僅か一二機しか持っておらず、艦載運用にも不適当です。戦闘ヘリを、有人ヘリと無人機との組み合わせで代替するとして、どれだけの有人戦闘ヘリが必要になるかはわかりません。ＡＨ－１Ｓが最盛期八〇機以上あったことを考えれば、有人ヘリが二〇機で間に合うはずはありません。アメリカ海兵隊が使っているＡＨ－１Ｚ（ベル４４９）を導入するのが上策でしょう。その際、ＡＨ－64Ｄは下取りしてもらうこともできるでしょう。

1-10 冷戦後の改編・動向

冷戦後、国際関係の変化のほか、技術革新が進み、軍隊のありようも変化しています。以下は現代の世界の軍隊の動向です。

①データリンク

一九九〇年代半ばから、とくにアメリカでは軍隊のデジタル・ネットワーク化が進み、陸・海・空のすべての部隊をネットワークで結び、データを共有するシステムを構築してきました。地上部隊が目標の位置を送ると、爆撃機ないしミサイルシステムが誘導弾を発射するなど、戦争のハイテク化が進みました。

こうしたデータ通信システムのことをデータリンクといいます。西側の標準データリンクはリンク16と呼ばれています。

データリンクは単なる通信装置や情報共有システムとして認識されがちですが、敵味方識別装置（IFF：identification friend or foe）でもあります。砲兵は砲列を敷く必要がなくなりました。分散して高速機動する味方の地上部隊のために、移動弾幕射撃による火力支援をすること

AH-64D アパッチ・ロングボウ(陸上自衛隊HP)

ができるようになりました。味方に弾の被害が及ばないギリギリの場所に次々と砲弾を落として、味方の進撃を妨げようとする敵軍が頭を上げられなくなるよう制圧していくのです。

つまり、砲兵だけではなく前進する味方部隊の全車両がデータリンクに対応していなければ、そのような作戦は実行できません。自衛隊の場合、10式戦車とAH－64Dヘリコプター以外はデータリンクと結ばれていません。

②偵察と観測の融合

偵察とは敵地に行き、情報を得て持ち帰ること。観測とは行った先で得た情報を送信し続けることです。ところが、冷戦後、電子機器の発展により、偵察と観測の仕事は融合してきました。

③スマートフォンで部隊壊滅

民生品のスマートフォンは電源を切っていてもGPS対応の微弱電波を出し続けます。兵員が一基でも捨て忘れていれば、居場所を標定されて部隊は集中砲火を浴び、壊滅します。

こういう教育をロシア兵は受けていなかったようで、ウクライナ紛争で無邪気にSNS発信していて、まさにその通りのことが起こりました。

ナポレオンの格言に「発見された大隊は失われた大隊である」とあります。昔も今も変わりません。

ところで、ある年に防衛大学校の学園祭に行ったのですが、壁に貼った紙に多くの防大生徒が自分のスマートフォン番号やSNSほかのURLを載せ「みなさん連絡してください」と書いてありました。スマートフォンなど敵の攻撃を呼び込むための道具です。戦時ではありませんが、不特定多数に向かっていらぬ情報を提供するなど、しかるべき教育ができてないことがよくわかる光景でした。

④重装備部隊の変化

重装備部隊は、師団・旅団内の戦車と機械化歩兵の部隊数を同一にする傾向にあります。しかし伝統的な部隊名称は残すことが多いようです。

そして、機械化歩兵の搭乗する装甲兵員輸送車（APC）または機械化歩兵戦闘車（IFV）

装甲兵員輸送車（ウィキペディア）

は装軌式（キャタピラ式）に統一されてきています。

⑤軽装備部隊の変化

冷戦後は軽装備部隊が平和維持活動として海外に出動することが多くなりました。治安任務にも装甲化が進み、装輪式の装甲兵員輸送車（ＷＡＰＣ：Wheeled Armored Personnel Carrier）を充実させるようになりました。

これには実は冷戦後、ソ連の脅威がなくなったとして重装備部隊が大幅に削られ、それまで重装備部隊が持っていた装輪式の装甲兵員輸送車が軽装備部隊に回されたという事情が背景にあります。

⑥掩護部隊の変化

最初から掩護部隊専任で指定される部隊は稀になり、必要に応じて建制部隊から抽出するようになりました。

おそらく軍事予算を削減するためでしょう。

V-22オスプレイ（陸上自衛隊HP）

⑦オスプレイが空挺部隊を無用化

垂直離着陸輸送機V－22（愛称オスプレイ）のおかげで、落下傘を使わなくても空挺部隊を前線から三〇〇キロメートル奥地にまで送り込めるようになりました。特殊部隊は別ですが、通常の落下傘による空挺部隊はほとんど使い道がなくなりました。「空挺部隊」の項で話した通り、リペリング降下のほうが降下適地が多いのです。

⑧兵站部隊の自衛能力増強

兵站部隊の自衛能力を増強するために、トラックの運転席にも防弾対策が施されるようになりました。恐らく、非装甲の車両でも、座席のクッションや背もたれには防弾繊維を用いた素材が使われているのでしょう。

⑨無人航空機ドローンの普及

近年、発達著しい装備は無人航空機ドローンです。民生品も用途が広がっていますが、軍隊でも各級部隊へドローンを普及させつつあります。おもに偵察・観測用ですが、大型の無人航空機は攻撃能力を兼ね備えています。

ただ、どの程度の性能のドローンをどのレベル（中隊や連隊や方面など）に配属するか、どのような有人兵器と君合わせて運用するかなどは、まだ試行錯誤の段階です。「偵察・観測用」であっても、偵察・観測に特化しなければならないという決まりはないわけで、銃弾を撃つ機能を持たせることもできます。ウクライナでは宅配用ドローンが対戦車手榴弾を運んでいますが、そのような武装も可能なわけです。

また、ドローンというと小型の飛行物体をイメージするかもしれませんが、大型の無人航空機もあります。

テスト段階のドローンは、たいてい方面軍直轄で運用され、運用法が確立すると、師団・旅団の建制に組み込まれていくでしょう。

⑩高度一五メートル以下の極超低空防空の必要性

極超低空（空地中間領域）防空の重要性が近年クローズアップされています。高度一五メートル以下とは、つまりドローン（小型無人航空機）対策です。低空で飛行する物体は低速であっても角速度が速くなります。

空高く飛ぶジェット機はかなり高速でも地上からはゆっくり動いて見えますが、低いところを飛ぶ物体は比較的低速でも素速く動いて見えるので狙いにくく脅威なのです。

既存の銃砲類で破壊可能ですが、超低速飛行物体に対応するには照準器や銃架や射撃統制システムは新しく開発する必要性があるでしょう。また諸外国では妨害電波などで飛行を狂わせるシステムの実用化も進んでいます。

⑪米軍は高射部隊を軽視

米軍は勝ち戦をするのが前提なので高射部隊を軽視し、師団砲兵の対砲兵戦能力を放棄する改編を行いました。対砲兵戦闘や対Ｃ４ＩＳＲ戦闘は軍直のロケット弾部隊が主に担当します。つまり、絶対的制空権下の作戦に特化したのです。

問題は、日本に「米軍がいらないといって捨てるものを、なぜ自衛隊は持ち続けるのか？」とクレームをつける勢力があることです。

米軍には米軍の考えがあり、それなりに理屈が通っているのですが、日本には日本の事情があり、米軍の真似をしていいことと悪いことがあります。増やす話は妨害するクセに減らす話だけは真似しろと言ってくる輩はどうにかならないものでしょうか。

1-11 陸上自衛隊のあるべき姿

章の最後に、陸上自衛隊もこうあってほしいと思う点をまとめます。すでに各項目で、あるべき陸軍について話してきましたので、重複する点もあります。

- 定員は上限ではなく、下限として設定する

実際には常に公式定員の数%多い程度の兵員が部隊に所属している体制にしなければいけません。

- 戦訓および常識的な軍事論に則って組織・編制計画や教育・訓練計画を作る
- 激しい戦闘に堪え、継戦能力を保つために、十分に冗長性のある編制にする
- 即応部隊（軽装備部隊）と機動反撃部隊（重装備部隊）を適正比率で保持する

- 重装備の目視戦闘部隊は中隊まで切り分けることができるようにし、船舶でも移動しやすくする
- 野戦部隊の高射能力を充実させる
　ウクライナを見ていると近ＳＡＭ、携ＳＡＭを充実させなければならないことがよくわかります。
- 兵站体制を整備する
　弾薬庫の備蓄分とは別に、各部隊が一週間継戦分を持つ。その程度は必要です。
- 重装備を飛行場、港湾等へ備蓄する
　飛行場などの余積に陸上自衛隊の予備兵器を備蓄しておくための倉庫を作ることです。戦車や大砲などをスクラップにするよりも、プレハブ倉庫に戦車を保管しておいたほうが安くつきます。

　もちろん部隊配備定数とは別に備蓄し、空身で移動してきた部隊に使ってもらいます。そして、部隊配備分は動員された予備役などの部隊が受領して使えばいいでしょう。

●近代的な電子システムの充実が必要

必要最小限以上の能力あるシステムを全自衛隊に行き渡らせなければいけません。しかし、ハイテクだけに頼っていては、それが使えなくなったときにお手上げです。無線封鎖状態や電子ネットワークが麻痺したときに機能すべき原始的バックアップ体制も保持していなければなりません。

●沿海（とくに太平洋岸沿海）を長距離機動する前提で海上防衛力との関係を考える

輸送艦艇の充実と民間船舶利用体制も考えなければいけません。私は、戦時標準船（戦標船）を作ることを考えなければいけないと思います。戦時標準船とは、ある一定の規格に従った船舶です。

民間に同じものを売ってもいい。戦時標準輸送船は全長二二九メートル、幅三二メートルのカーフェリー。自衛隊用はオプションなし。民間用には購買者が、好きなオプションをつけられるようにし、補助金を出して普及させる。全長や幅の根拠については第二章で話します。

●特定公共施設利用法が発令された際の警備や防備体制を築く

民間空港や民間の港湾をどう守るか。あらかじめ考えておかなければなりません。

C130 アメリカ、ロッキード社の軍用輸送機。愛称(スーパー)ハーキュリーズ(ウィキペディア)

「陸上自衛隊のあるべき姿」を箇条書きにしましたが、陸上防衛は陸上自衛隊だけが担うものではありません。

諸外国を見ても、軍事的に「戦う」のは陸軍、そして海軍や空軍の陸戦隊、民兵組織ですが、それは狭義の陸上防衛力です。

広義の陸上防衛力とは、軍事と非軍事を含む広い概念です。諜報や防諜のための組織（公安警察など）、人道活動としての民間防衛、国民教育や長期的な動員基盤の整備など、広い裾野が必要なものなのです。レジスタンスも含まれます。自衛隊はその一部にすぎません。

言い換えれば、自衛隊のできることは限られています。他省庁や自治体の協力がなければ自衛隊は動きにくくなります。道路の規格が狭ければ、運べるものは制限されますが、その道路の幅を決めるのは国土交通省です。他の官庁が協力しないばかりでなく、妨害してくるようでは、自衛隊は動きがとれません。

自衛隊は戦前への過剰反省から、長期にわたって政治に関わらないことを金科玉条にしてきました。その結果、防衛省（庁）だけではどうしようもないことを見て見ぬフリをすることが習い性になってしまいました。それだけではなく、防衛省（庁）以外の所掌事務が理由で必要なことができなくなってしまっても気にしないという雰囲気が醸成されてしまったのです。

第2章

あるべき海軍

2-1 「海」とは何か

「我が国の防衛線は敵国の海岸線である」

海軍こそは国富と国運の護り手です。

英国グリニッジの海洋博物館は、子供達が遠足に行く定番の場所です。その博物館の壁に、エリザベス一世の廷臣だったウォルター・ローリー（Raleigh, Sir Walter：一五五二～一六一八）の言葉が大きく書いてあります。「海を支配する者は貿易を支配し、世界貿易を支配する者は世界の富を支配し、もって世界そのものを支配する」。

日本が学ぶべきはイギリスの「ドレーク・ドクトリン」です。フランシス・ドレーク（一五四〇年頃～九六）はイギリスの船長で海賊です。エリザベス一世の支援を受け、敵国スペインの船を襲って積荷を奪いながら世界一周しました。ドレークの集めた富は莫大で、後のイギリスは理想の無税国家になります。その功績から騎士（ナイト）に叙せられ、一五八八年のアルマダ海戦では提督として戦いました。

ドレークの有名な言葉が「我が国の防衛線は敵国の海岸線である」。つまり、敵国の主要港湾を占領または破壊することが基本的な防衛戦の姿だということです。現代なら飛行場も加わります。

イギリスを観るとき、このドレークの名言は欠かせません。

ベルギーをオランダから分離独立させて、ロンドン条約でベルギーの中立保障国になったのがイギリスです。第一次大戦も第二次大戦もドイツ軍がベルギーに侵入したとき、イギリスは参戦を決めた。冷戦期も在西ドイツ英軍は「ライン軍団」といってライン川下流域に駐屯していました。フランスがＮＡＴＯ軍事機構から脱退した後、ＮＡＴＯ本部はブリュッセルに移転。ＥＵ本部もブリュッセルです。ベルギーは、イギリスがヨーロッパ大陸と付かず離れずの関係を維持するための橋頭堡なのです。

イギリス軍はイラク戦争でも、ペルシャ湾に注ぐシャットルアラブ川下流の沿岸域バスラ州だけをおさえて内陸には行きませんでした。イギリスのチャレンジャー戦車は装甲が厚く打たれ強いけれども、逃げる敵を深追いするほどの機動力はありません。そこで内陸への侵攻は米軍が担当し、イギリス陸軍の主任務は港湾都市の確保でした。イギリス陸軍とは、大局的には、まるごと海兵隊であるともいえます。

ちなみに、内陸にまで浸透するのは陸軍でも主にＳＡＳ（Special Air Service：特務空挺隊）のような特殊部隊が専らです。ちなみにＳＡＳは第二次大戦中に結成され、ドイツ軍をごまかすため、空軍か陸軍かもわかりにくい変な名前をつけられました。ウクライナの大統領ゼレンスキーの護衛をしているとも言われます。

いま日本人にイギリス人のような発想があるでしょうか。ドレークは一六世紀の人ですが、「昔の戦争はそうだった」ではなく、今でも有事となったら、敵国の主要飛行場・港湾は破壊・占領の対象になるのです。戦後日本の常識で諸外国について考えてはいけない。日本で現行法体系上できないことがらでも、議論や分析から外してはいけません。

海軍の基本的な四つの役割

一般的に言って、海軍力の主な役割は、四通りです。一つ目は通商破壊で、二つ目はそれに正対する海上交通路の防衛です。それから三つ目は敵地（または敵に占領された土地）に陸上戦力を上陸させることで、四つ目はそれを阻止するべく行われる着上陸阻止です。

ちなみに、海上交通路の防衛とは「シーレーン（Sea Lines of Communication）防衛」ともいいますが、艦艇で輸送船を直接護衛するのは副次的な作戦形態です。主な作戦は、敵の飛行場や港湾を攻撃する、また敵の艦艇が通峡しなくてはいけない海峡部で対潜作戦などの掃討作戦を実施することです。

敵地に陸上戦力を上陸させるとは、必ずしも敵の待ち構えている場所に強襲揚陸をすることだけではありません。港湾地帯を完全制圧した後に上陸させることのほうが多い。それから、敵地の隣国に上陸させた上で、敵国に陸路侵攻するという方法もある。第二次大戦初期に日本軍がタイに上陸して、そこからマレー半島侵攻作戦を始めたような例もあります。

本書は日本「再軍備」以前に達成すべきことを書いているので、海軍の四つの任務をフルに実施できる体制整備を期待しているわけではありません。しかし、日本のような海洋国家が「再軍備」するとすれば当然、ローリーやドレークに倣い、そして四つの任務を果たせるような国になるということです。

民間船舶も海軍力

戦後日本の通念で、海軍に所属している揚陸艦艇だけを見て、その国の揚陸戦力を推し量る人がいます。それは間違った見方です。海軍の保有する輸送艦艇とは、平素から必要な輸送力を担任するものか、強襲揚陸作戦という特殊な運用法をするために作られた特別の艦艇なのです。つまり海軍に所属している輸送艦が主役になるのは橋頭堡を確保するまでなのです。

いったん橋頭堡を確保した後では、民間の商船が輸送の主力となります。民間の保有する船舶のほうが圧倒的に多数で、輸送量に比較にならないほど多いからです。場合によっては漁船なども使われます。それから、トロール漁船などは揚陸戦に欠かせない掃海用に多用される。フォークランド紛争（一九八二年）でイギリス軍が徴用した民間船舶は四五隻とも五九隻ともいわれています。

今に日本に強制的な動員法規がないからといって、その既成観念を諸外国の分析に投影してはいけません。

大河も「海」になる

中国の沿岸とはどの辺だと思いますか。大連、天津、青島、上海、寧波、福州、香港、広州、マカオなどでしょうか。もちろんこれらの都市は海沿いにありますが、大陸国の「沿岸」を考えるときは大河沿いの都市も考慮にいれなければなりません。

米海軍大学校のマハン（Mahan, Alfred Thayer；一八四〇～一九一四）が『海上権力史論』（THE INFLUENCE OF SEA POWER UPON HISTORY, 1660-1783, 1890.）で、こう書いていることを想起しましょう。「広い意味におけるシーパワーとは、武力によって海洋ないしはその一部分を支配する海上の軍事力のみならず、平和的な通商及び海運をも含んでいる。この平和的な通商及び海運があってはじめて海軍の艦隊が自然にかつ健全に生まれ、またそれが艦隊の堅確な基礎になるのである」（北村謙一訳『海上権力史論』原書房、一九八二年、四六頁）。

日本では川というと幅が狭く、大型船が往来して大量に物を運ぶイメージがないかもしれません。しかし大陸の大河の中流～下流域は川幅が広く、大量の物流を担い、川沿いに重要都市が並んでいるものです。

たとえば長江の中流域にある武漢は国際航路を開設できる港湾のある都市です。武漢から日本を結ぶコンテナ貨物船「華航漢亜1」は全長一二五メートル、幅二〇・八メートル、五六〇

武漢港

TEU（二〇フィート・コンテナ五六〇個または四〇フィート・コンテナ二八〇個を積載可能）、七九〇〇載貨重量トン（DWT）。それだけの外航貨物船が入港できる武漢から下流は、川であると同時に、地政学的に「海」でもあるとみなすべきです。

上海が海岸沿いの都市であることは一目瞭然ですが、そこから約八〇〇キロメートルも長江をさかのぼった内陸都市・武漢も、このように考えると、一種の海港です。

日本でこれくらいの船が入れる港はどれくらいあるのか、自衛隊は調査しているのでしょうか。海上自衛隊は当然調査していると思いますが、陸・空にどれだけ情報が共有されているのか。このクラスの船が、もし日本のどこか離島か田舎の港にいきなり入り込み、拠点構築を始めたらどうするのか。そういったことを考えておく必要があるでしょう。該当する港は、本土はもちろん離島にもたくさんあります。

取り合いになる海は浅瀬と大陸棚

ところで海と一口に言っても、実は違いがあります。大きく分けると、浅瀬、大陸棚、深い海。浅い順に並んでいるのは明白ですが、どう違うのか。

大陸棚だけは水深約二〇〇メートルまでと一般的に決まっています。しかし軍事的な意味では潜水艦が基準になる。潜水艦が活動できないほど浅い海を浅瀬といい、潜水艦が着底できる海が大陸棚、潜水艦が着底できないほど深いところが「深い海」です。

潜水艦が着底できないと水中に鉄の塊が浮いている状態ですから、探知されやすい。発見された潜水艦こそ、失われた潜水艦です。一方、着底できるとエンジンを止めることができ、潜水艦の存在が探知されることなく、情報収集や待ち伏せ作戦ができます。

なお大陸棚は傾斜がゆるやかで、棚の縁から急速に深くなります。そして、この大陸棚が海底資源および水産資源の宝庫です。制海権や領海の奪い合いは浅瀬および大陸棚までの話であって、深い海の取り合いはほとんどない。実際に経済水域のほとんどが大陸棚と範囲が一致しています。

海洋国家の常識は陸軍国には通用しない

それから、陸軍国が持っている海軍について、海洋国家の常識で見てはいけないという話をします。

昭和の末頃、大学院生の時ですが、元韓国海軍士官だった方と話しているとき、話題が北朝鮮のナンポ級高速揚陸艇に及びました。私が、ジェーン海軍年鑑に「三五人の兵を運べる」と書いてあると紹介したところ、鵜呑みにしないよう注意されました。通常、艦艇の搭乗人数について推計するとき床面積あたり何人という基準で計算します。米英のような海洋国家は、遠洋航海する船を基準に計算します。しかしナンポ級の性能は「三〇ノット（五五・六キロメートル／時）で四五〇海里（八三三キロメートル）」です。つまり最大でも一五時間しか走らない艇なので、兵員は詰め込めるだけ詰め込むはずで、百数十人は乗せるに決まっていると言われました。軽歩兵一個小隊ではなく一個中隊です。

また、ロシアの揚陸作戦用ホバークラフトについて、驚いたことがあります。二〇〇〇年三月七日の夜九時からＮＨＫ「ニュース９」を見ていました。すると、旧ソ連軍のホバークラフトは、一回の作戦で使うだけの使い捨てだという関係者の談話を報じていました。もちろん、必ず一回限りの使い捨てだという訳はありません。しかし、米軍のＬＣＡＣ（日本も六隻輸入して使っている）のように揚陸艦と海岸を往復するだけではなく、動けなくなるまで最大限内陸に進出するという運用もあり得るということでしょう。当然、簡易な揚陸用舟艇でも使い捨て運用はあり得る。見た目が似ていても、用法が同じであるという保証はありません。

2-2 港湾や艦艇について

主要五港の兵站体制と民間港湾の問題

現状では、たとえばイージス艦はふだん佐世保と横須賀に停泊しているので佐世保と横須賀でしか整備できません。それを、どの港でも必要な整備ができるように、兵站支援体制を整えなければなりません。

自衛隊の主要五港（横須賀・佐世保・呉・舞鶴・大湊）どこでも必要な整備支援ができるよう、重層的な兵站体制を整備するべきでしょう。日本のイージス艦を整備する体制にあれば、当然、米軍ほか同盟国の船の整備も可能となり、有効な支援ができます。

実は、冷戦期にそれを目指していたのですが、これも予算削減で断念され、今に至っています。

しかし問題は、自衛隊が基地としている港湾だけではありません。たとえば一九九四年春、北朝鮮情勢が緊迫したときですが、米国から日本に「戦時接受国支援（ＷＨＮＳ：Wartime Host Nation Support）」に関する要求が伝えられました。六カ所の民間港湾（苫小牧・函館・新潟・名古屋・大阪・神戸・水島・松山・福岡・那覇などが候補）の提供が盛り込まれていました。それも施設だけではなく、在日米軍が荷役《にやく》作業で使用するフォークリフト等の機材多数の供給なども含み、そして荷役や給油、整備や補給などの労務提供も含む要求でした。

民間人の労務提供などは、日本の労働組合や国土交通省のありようについて考えれば、たとえ憲法を改正してでも実現困難と思われる要求でした。しかし米国にしてみれば、他の同盟国に準拠して要求しただけのつもりだったと思います。北朝鮮有事に限らず、軍事的に考えれば必要な施策です。しかし戦後日本の常識では、保守系の多数派も含めて、実行どころか想像すらできないようなことになっています。

有事には同盟国に退避するしかない海上自衛隊

「いまの状態では」とお断りした上で、あえて言います。

日本本土の有事には、海上自衛隊の主力は海外同盟国に退避し、そこから同盟軍の一員として作戦に参加するしかありません。日本本土で陸上自衛隊が戦わざるを得ないような場合には、港なども、大規模な航空撃滅戦の対象になるでしょう。だから、本土の有事には、海上自衛隊の主力は一旦たとえばオーストラリアやハワイ、グアム、アラスカなどに退避して、体制を整えてから日本防衛作戦に参加するのです。

冷戦後の海上自衛隊は日本本土が大規模な攻撃を受けたときにどう生き残るかという発想が

なくなってしまった。冷戦末期に大湊や八戸の航空基地に地対空ミサイルを配備しましたが、それも廃止されてしまいました。自力で防衛できるような体制にないので、海外拠点をベースにして応援をたのんで一緒に行動するしかないのです。

「国民を見捨てて逃げるのか！」と言われそうですが、全滅しては元も子もありません。生き残って、巻き返し作戦に日本の自衛隊が参加することに意義があるのです。

防衛出動命令が出てからでないと自衛隊は動けないことになっていますが、命令が出る前に東京が爆撃されて閣僚ほかが死亡・怪我するなど内閣が機能しなくなり、政治家も官僚もパニック状態ということもありえる。そんなとき海上自衛隊は、訓練名目で外洋に逃げることはできます。P－1やP－3Cも、とりあえずグアムやオーストラリアなど、適当な外国の基地まで逃げなければならないのです。

そのためにはアメリカだけでなく、オーストラリアやカナダなどにも、いざというときのための受け入れ先を用意しておくべきでしょう。

同型艦の建造は同じ造船所に委ねよ

艦艇に関して、わりと当たり前のことが行われていないのには驚きます。

たとえば、同型艦艇は同じ造船所に発注するのを原則にすべきです。ところが自衛隊では、競争入札などで競り落としているので、いろいろな造船所に発注しています。そうなるとパイプの配線やバルブの規格など細かいところが違うので、乗員は別の船に乗る前に別途、研修や訓練を受ける必要が出てくる。変なところでケチると、大切なところでしっぺ返しを喰らう。これは改めるべきでしょう。

それから、近代化改修をする時には、同型艦すべての計画を一度にたてるべきです。同型艦でも計画着手年度が違うと、様々な改装部品をまとめ買いできないので、非常に面倒です。

潜水艦が丸裸になっている日本の港湾設備

潜水艦は海に潜って活動する船なので、対空火器はいっさいありません（ロシアには例外もあります）。ですから潜水艦基地ではトンネル型のシェルターに入れるべきです。たとえば横須賀の潜水艦基地艦艇は近くにある防衛大学校の下をくり抜いて、トンネルにし、そこに入れておけばいいでしょう。

現在は、むき出しのまま海に浮かんでいます。港は攻められない、ミサイルは飛んでこないという前提のようです。「そんなバカな」と思うでしょうが、現実に潜水艦は守られていません。携行式無反動砲をもった工作員でも撃破できるでしょう。

政府は長距離ミサイルを潜水艦に搭載しようと考えているらしいですが、その潜水艦は必ず敵の最優先攻撃目標になります。

潜水艦の守りを固めた上で、整備も重要です。

潜水艦の被探知防止性能を向上させるため、ドック入りの際は、潜水艦のスクリューを新品に取りかえるべきでしょう。そうすれば水中放射雑音が減り、また音紋が変わってしまいますので、敵は音紋情報の蓄積に苦しみます。

また、旧型の潜水艦でも電池を新しいリチウムイオン電池に換えれば、行動能力が増します。

ところで、旧式の潜水艦でも機雷敷設や特殊部隊潜入などには使えます。水上艦や潜水艦との戦いには使えないような旧式潜水艦でも馬鹿にしてはなりません。それは潜在的に脅威国である国の旧型潜水艦を侮ってはいけないということでもあります。

基地の哨戒ヘリにも掩体を

海上自衛隊が使う哨戒ヘリコプター※は護衛艦の格納庫に収納できるよう、回転翼や機体後部が折りたたみ式になっています。陸上の基地でも掩体（シェルター）に格納して運用するべきでしょう。

※**哨戒**　パトロールして見張ること。航空機のほか、艦艇やレーダーでも行う。艦載されている哨戒ヘリコプターは対潜哨戒が主な任務だが、水上艦船の監視や救難活動も行う。

現在は覆いがなく、むき出し状態です。舞鶴基地のヘリポートですら、哨戒ヘリを入れる掩

哨戒機5H-60J（海上自衛隊HP）

体はありません。瀬戸内海の小松島基地や東京湾の館山基地ならまだ許されるかも知れませんが、海上自衛隊の重要拠点であり、最前線とも言える日本海側の舞鶴では無防備も甚だしいと言わざるを得ない。

敵が攻めてこなくても日本には自然災害があります。台風の接近が予想されるとき、ヘリコプターは退避するかもしれませんが、掩体に格納されていたら、そんな必要はありません。

日本のほとんどの港に入れる船の最大規格は、喫水一〇・五メートル

平成以来、我が国は社会資本（インフラ）整備に十分な投資と施設拡張を怠ってきました。港湾も例外ではない。本来なら国際戦略港湾五港と国際拠点港湾一八港はすべて「新パナマックス」と呼ばれる、パナマ運河の新運河（第三閘門運河：二〇〇七年九月三日着工式典、二〇一六年六月二六日開通式）に対応できる大きさの船（全長三六六メートル、全幅五一・二五メートル、喫水一五・二メートル）が入港できて当然でしょう。

しかし、そのためには岸壁水深一七メートルが必須です。喫水の一割増しの水深が要るからです。そうすると、水深がじゅうぶんあるのは小名浜港（福島県）と横浜港（神奈川県）の二港（いずれも岸壁水深一八メートル）だけです。ちなみに小名浜は国際拠点港湾ではありません。

そもそも日本では、旧「パナマックス」のパナマ運河の在来運河を通航できる最大船形（全長二九四メートル、全幅三二・三メートル、喫水一二メートル）に対応できるような港湾すら充実

掃海母艦「うらが」(海上自衛隊HP)

していません。常石工業の調査によれば、日本のほとんどの港に入港できる船は、全長は二三九メートルまでだそうです。積載量八万二千トン（『朝日新聞・広島版』二〇一九年六月一四日)。恐らく岸壁水深が一四メートル以上の三八港を指すのでしょう。全幅と喫水は旧パナマックス準拠でしょう。

こうして、日本の公共港湾は世界の商船の大型化についていけなくなり、我が国の海運の国際競争力がそがれました。同時に、国防上理解しておかなくてはならない日本の地理的特殊事情が明らかになったわけです。

二〇二一年春現在、公共岸壁の水深が一八メートルの港が前述した二港（小名浜、横浜)、一六メートルが四港（東京、名古屋、大阪、神戸)、一五メートルが五港（清水、三島川之江、北九州、博多、那覇)、一四メートルが二七港、一三メートルが一八港、一二メートルが三一港です。この一二メートルの中にも国際拠点港湾に指定されている千葉港（千葉県）と水島港（岡山県）が含まれています。それから先島諸島では、平良（宮古島）が一〇メートル、石垣が九メートルです。

日本の国防を考えれば、多くの港湾に寄港できることが大切です。そうすると、岸壁水深が一二メートル以上の八七港湾を基準に支援艦の大きさを決定しなくてはなりません。単純計算をすれば最大喫水一〇・九メートルということになります。多少の余裕は必要ですから一〇・五メートルを基準に、できるだけ大きい艦をつくるべきだということです。

つまり、輸送艦、補給艦、掃海母艦※などの輸送や補給等を担う艦はすべて、最大喫水一〇・五メートルとして、できるだけ大きく建造すれば良いのです。

海上自衛隊の保有する艦は、現在は非常に小さく設計しているので、より効率よく輸送ないし運用するために、ここまでは大きくすべきだとの提案です。

空母となると、より大型のものがあり、また大きくある必要性がありますが、※輸送艦、補給艦、掃海母艦はどこへでも入れるほうがいいでしょう。

※**掃海母艦**（Minesweeper Tender）　機雷を発見し除去するための掃海艇（Minesweeper）は小回りが利くように小型にできているが、掃海母艦は大型で、ヘリコプター用の飛行甲板を備え、燃料や物資の補給などを行う。機雷を敷設する機能を持つ艦もある。

※海上自衛隊初のヘリポート対応大型護衛艦「ひゅうが」「いせ」。全長一九七m×全幅三三m。より新しい大型護衛艦「いずも」「かが」は、全長二四八m×全幅三八m。

掃海母艦も、純粋に機雷の除去に専念するだけとは限りません。攻撃を受けながら掃海支援や機雷敷設といった任務につくことも考えなければならず、護衛艦なみの武装が必要です。輸送艦も補給艦も対空兵装は護衛艦なみが必要なのです。

ところで、現状は支援艦艇の防衛能力を云々するよりはるか前の段階です。護衛艦の艦橋の窓ですら防弾ガラスになっていません。アデン湾やペルシャ湾での哨戒行動に就くときだけ、艦橋の窓を防弾ガラスに改装するそうです（『産経新聞』二〇二〇年三月四日）。自衛隊はもちろん、海上保安庁についてもすべての船の艦橋の窓が防弾ガラスでなくてはいけないことくらいは常識でしょう。

「空母のような艦艇」は最低三隻は必要

航空自衛隊のF-35B短距離離陸・垂直着陸戦闘機の購入が決まったので、これが発着できるようヘリコプター搭載護衛艦（DDH）のうちの最新二隻「いずも」「かが」の改修が進行中です。日本には「空母」と名乗っている艦はありませんが、この二隻は改修が終わればF-35Bが発着できる「空母のような艦」になります。

ただ、本格的な洋上作戦基地としての空母ではなく、燃料や弾薬を補給するために立ち寄る、というのが基本的な運用になるはずです。したがって、空母というより、給兵テンダーとしての運用だといえば適当でしょう。しかも、次章で説明しますが、専らステルス機として運

護衛艦「いずも」(海上自衛隊HP)

用されるであろうことや、重量の制約を考えれば、艦上で補給できる武器は、機内搭載兵装だけで間に合うはずです。

F‐35Bは滑走路が短くても離発着できるのが売りですが、その代わりに、離陸時に九三〇度の高熱を地面に叩きつけるので、アスファルト舗装では溶けてしまい、コンクリート舗装でないと使えません。艦艇についても、甲板に特殊な耐熱塗装を施します。

いずれにしても「空母のような艦」二隻では、少なすぎます。最低でも三隻は要ります。一隻がドック入りしているときに、あとの二隻が補給と作戦を交代しながら行うことを考えたら、どうしても三隻は必要になる。船にかぎらず何でもローテーションを考えて数をそろえないと意味がないのです。平時からギリギリで運用していては有事にまったく役立ちません。

多機能護衛艦の改良は必至

また、対空能力と対潜能力が不足する護衛艦※は造らないことです。

※護衛艦（Escort ship）　もともとは護衛任務にあたる艦だが、海上自衛隊では駆逐艦や巡洋艦以上の戦闘艦を総称して護衛艦という。

海軍の艦で単独で活動するのは潜水艦ぐらいで、艦隊は常にチームを組んで活動します。現在は、ミサイルの射程が長くなっているので個々の船が肉眼では見えない範囲に広がっていることはありますが、実は、相互に支援しあっています。

対空能力と対潜能力が不十分な護衛艦は、攻撃を受けたら脆弱です。そして、一隻が行動不能になっただけで、艦隊全体のチームワークが悪くなります。対艦ミサイルは射程が長いので、ない艦が混ざっていてもなんとかなりますが、対潜と対空の性能だけはスペックダウンしてはいけません。

ところが、現在建造中の「もがみ」型護衛艦（ＦＦＭ：多機能護衛艦）が、まさにスペックダウンされた型です。毎年二隻ずつ建造されていて、22隻建造する予定です。しかし能力不足のうえ未完成で竣工させている。未完成とは、対潜ミサイル発射台を付けない状態です。「後日装備」とは未完成の言い訳で、「就役後に予算がついたらつけます」という意味です。

繰り返しますが、少なくとも対空兵装と対潜兵装だけはスペックダウンしてはいけません。しかし、「もがみ」型の対空ミサイルは、最大射程一五キロメートル程度のＲＡＭ（Rolling Airframe Missile、近接防空ミサイル）だけです。レーダーを換装しない限りはＥＳＳＭ（Evolved Sea Sparrow Missile、発展型シースパロー艦対空ミサイル、標準的なＭｋ・41発射台一セルに四発積める）も運用できません。

発射台に予算が付いている艦にしても全長が短すぎるので一六セルの発射台しか装備しない予定です。三二セルの発射台を積めばＥＳＳＭ対空ミサイルと対潜ミサイル両方を十分に積めるのですが、大きさをケチりすぎたせいで一六セルだけなのです。とにかく予算不足でせこいスペックダウンに続くスペックダウンで、脅威が重大なときには力不足になるのが見えています。将来改装して性能を改善していくための伸び代もないようです。しかも年間たった二隻の建造。大型艦ではなく小型艦ですから、肝心の防衛力はどんどんジリ貧になっていきます。

組織崩壊を示す「哨戒艦」の発注

最近、海上自衛隊は「哨戒艦」という新しい種類の艦を発注しました。近年、冷戦末期最盛期には六二隻あった護衛艦が今では四六隻です。その一方、日本近海では中国やロシアの艦艇が恒常的に遊弋《ゆうよく》し、これを監視する自衛隊艦艇が不足してしまったのです。そこで、平時的な警備と監視に専念するための廉価な艦を作ることにしたというわけです。

ご購読ありがとうございました。今後の出版企画の参考に
致したいと存じますので、ぜひご意見をお聞かせください。

書籍名

お買い求めの動機

1　書店で見て　　2　新聞広告（紙名　　　　　　　　）

3　書評・新刊紹介（掲載紙名　　　　　　　　）

4　知人・同僚のすすめ　　5　上司、先生のすすめ　　6　その他

本書の装幀（カバー），デザインなどに関するご感想

1　洒落ていた　　2　めだっていた　　3　タイトルがよい

4　まあまあ　　5　よくない　　6　その他(　　　　　　　　)

本書の定価についてご意見をお聞かせください

1　高い　　2　安い　　3　手ごろ　　4　その他(　　　　　　　　)

本書についてご意見をお聞かせください

どんな出版をご希望ですか（著者、テーマなど）

郵便はがき

料金受取人払郵便

牛込局承認

8133

差出有効期間
2023年8月
19日まで
切手はいりません

1 6 2-8 7 9 0

東京都新宿区矢来町114番地
神楽坂高橋ビル5F

株式会社ビジネス社

愛読者係 行

ご住所 〒 TEL:　　(　　)　　FAX:　　(　　)			
フリガナ お名前		年齢	性別 男・女
ご職業	メールアドレスまたはFAX メールまたはFAXによる新刊案内をご希望の方は、ご記入下さい。		
お買い上げ日・書店名 年　月　日	市区 町村		書店

もう、組織が崩壊状態に陥りつつあることがわかります。海上保安庁ではなく自衛隊（国際的には海軍だと認知されている武装部隊）が監視するというのは、単に動向を監視するということではありません。「寄らば斬るぞ」との覚悟と気概を相手に見せつけるということでもあるのです。

自衛隊が海上保安庁の巡視船とそっくりの「哨戒艦」を装備するということは、真剣を見せつけるという所作を放棄してしまったということです。岸田内閣の決め台詞「注視する」を体現しています。

自衛隊の護衛艦が足りないなら護衛艦を建造すべきです。そして哨戒艦を作ってしまうのであれば（契約を破棄すると造船会社が可哀想ですから）、海上保安庁に移管すれば良いでしょう。

輸送艦や支援船に予備役制度を！

以前、アメリカ海軍は、チャールストン級という商船型の輸送艦を五隻保有していました。輸送艦のうち高級・高価なものは原則として全艦現役艦として運用したのですが、簡易・廉価なチャールストン級は、五隻の内一～二隻を現役輸送艦として使い、残りを予備役にしていました。五隻でローテーション運用していたのです。

自衛隊でも輸送艦を多めに建造し、一部を予備役としてローテーション運用することも考えてはどうでしょうか。

毎回の定期整備のときに企業に送るわけですが、その後しばらくは保管状態とするのです。そして、有事になれば、予備役を動員して保有するすべての艦がフル活動するわけです。

また、各地の民間港湾に自衛隊艦艇の臨時入港できる体制を整える必要があります。曳船《えいせん》（タグボート：大型船舶を曳航する小型船）、水船などの支援船のために予備役制度を作り、地方の業者などで予備役希望者を募り、有事には、その港に入港できるようにする。そんなシステムも考えられます。ふだんは民間の用途で使って良いけれども自衛隊の必要があるときにはそちらを優先しなくてはならないという具合にします。

ところで、陸上自衛隊で輸送艦を中型（二〇〇〇トン級）と小型（四〇〇トン級）を合わせて当面四隻、最終的に八隻建造するという計画が進行中です。これも海上自衛隊の増員ができないという大前提で決まったことです。それにしても艦が小さすぎる。平時の業務支援を基準に大きさを決めているようでは有事には役に立ちません。第二次大戦末期、陸軍が輸送用の航空母艦や潜水艦を作ったりしていましたが、それは末期的な症状でした。その轍を踏まず、海上自衛隊を増員するべきです。

2-3 海の防衛体制を考える

海を守る任務は海上自衛隊だけでなく海上保安庁も担っています。「海」を守る組織として、本節では主に海保についてお話しします。

軍隊と沿岸警備隊

軍隊と沿岸警備隊の役割分担は国によって違います。

フランスは別個に沿岸警備隊がなく、海軍が沿岸警備隊の役割も担っています。巡視船の役割を担う軍艦を通報艦と呼びます。

イギリスの沿岸警備隊は、いわば沿岸のボランティア組織であって小舟しか持っていません。海上保安庁のような任務は海軍が兼務しています。ただしイギリス海軍には巡視船艇に相当する艦艇はほとんどありません。

ちなみに戦前の日本に沿岸警備隊はなく、英仏のようにその役割は海軍が担っていました。

アメリカの沿岸警備隊は警察任務を持った軍隊と定義されています。また、独立戦争後しばらくは海軍がなく、沿岸警備隊が実質的に海軍でした。以前は運輸省の、今は国土安全保障省の下にあります。

国によってそれぞれなのですが、普通の国では沿岸警備隊は有事には軍に編入されるか、軍の作戦統制下に入ります。そういうわけで、沿岸警備隊の予算を防衛費に含めて計算する国が多いのです。島田和久前防衛次官によれば、NATO基準では沿岸警備隊予算のうち「軍事的戦術の訓練を受け、軍事組織としての装備を有し、直接、軍隊の直接指揮下での活動ができ、かつ、軍隊を支援するため国家領域外での活動が可能な部分」は国防予算内にカウントするようです（『産経新聞』二〇二二年一〇月二二日）。

特異だったのは旧ソ連です。国境警備軍がKGB（国家保安委員会）に属していて、KGBのほうが海軍よりも格上でした。戦略ミサイル軍、陸軍（地上軍）や昔の防空軍、国境警備軍は独自の作戦指揮中枢を持っていた兵力運用部隊でしたが、海軍や昔の前線航空部隊などは兵力供出部隊にすぎず、独自の作戦指揮機能を持っていませんでした。そのため、陸軍または国境警備軍が所要の海軍艦艇や海軍機を指揮下に入れる形態でした。

自衛隊と海上保安庁

日本では占領下一九四八年制定の海上保安庁法第二五条で「この法律のいかなる規定も海上保安庁又はその職員が軍隊として組織され、訓練され、又は軍隊の機能を営むことを認めるものとこれを解釈してはならない」と定めています。

さて、その後に作られた自衛隊法第八〇条では、いちおう、有事には海保を海自の統制下に置くことができるとなっていますが、これも歴史的に紆余曲折あります。

自衛隊の創立は一九五四年ですが、林坦海上保安庁長官（一九五九〜六一在任）は「自衛隊法ができた以上、海上保安庁法の解釈も変わった」と後法優先の原則に基づく海上保安庁法の解釈変更を読売新聞（一九五九年九月一〇日夕刊）のインタビューで答えていました。その頃は海上保安庁も対空射撃訓練などを行ったりしていたものの、いつのまにか当初の海上保安庁法の解釈に戻ってしまいました。いつ解釈がもとに戻ったのか調べてみたことがあるのですが、よくわかりませんでした。

一方で、特段の命令が発令されない限り自衛隊は海上警備をしないことになっています。「海保と海自で一緒にやればいいじゃないか」と思うかも知れませんが、自衛隊が警備を行うと、ソ連や韓国を刺激するということで、海上保安庁と海上自衛隊の役割を完全に制度的にわけたのです。

現実には、海上自衛隊は海上保安庁の警備を支援しています。海上保安庁の飛行機が足りないので、海上自衛隊の哨戒機P-3CやP-1が得た情報を海上保安庁に流し、海上保安庁が警備するという場合が少なくない。しかし建前の上では、海上自衛隊機はあくまでも訓練飛行をしているだけです。

このように両者が協力しあっているところもあるのですが、簡単なところで断絶がありま

哨戒機P-3C（海上自衛隊HP）

す。たとえば海上自衛隊の艦艇と海上保安庁の船艇の名が重複していることがそうです。縦割り行政の象徴です。細かい話で恐縮ですが、せめて今後命名する船だけでも重複しないようにしてもらいたいものです。

現在、有事に海上保安庁を海上自衛隊の指揮下に編入する訓練は行われていません。防衛省は、危険の及ばない海域での警備・救難を海上保安庁が担うということを想定しています。なにしろ海上保安庁の船艇のほとんどは被弾対策が貧弱なので、法律がどうであろうと危険な海域に送るのは無理なのです。また、これまで七十余年も別組織として発展してきました。海上保安庁の入庁者にしても、現行法に基づく運用を前提に宣誓しているはずで、それと違う任務を押しつけるのは不当です。自然に考えれば、無理に統合せず、相互補完の協力関係を増進していけば良いということになるでしょう。

また、法律をどのように改正しようとも、海上保安庁が防衛出動下令前に自衛隊の運用統制下に入ることはあり得ません。つまり政府が明確に「有事」であると認定しない限り、海上保安庁は自衛隊の運用統制下には入ることはないはずです。平時だけれども緊張が高まっている状況や、いわゆる「グレーゾーン事態」での警備では、法制度を改正しようとしまいと海上保安庁は警察組織として活動するより他ありません。

ところが外国からはどのように見られているかということを考えると、そのようには言えません。海上保安庁は、機関砲を搭載する巡視船を保有しています。特殊警備隊（SST）は自動小銃も持っている。ですから『ミリタリー・バランス』でも『ジェーン軍艦年鑑』でも自衛隊は「軍隊」で海上保安庁は「準軍隊」とされています。つまり、有事には国際法上は武装部隊（広義の軍隊）になるという理解です。日本人が国内法や行政的な都合で違うことを言ったところで、有事にも自衛隊と別だというのは対外的には通用しません。また、日本政府が英国国際戦略研究所（IISS）やジェーン編集部に対して、年鑑に海上保安庁が掲載されていることについて抗議したという話も聞きません。国際常識で考えれば、放置しているということは認めていることです。

ですから、国際法上は武装部隊に該当するのだと法律を改正して明記し、また職員にもそのように教育したほうが良いでしょう。ただし物理的、能力的な問題として、戦時に危険な海域に派遣して、自衛隊の二軍的な任務を課すのは無理です。

海上保安庁を警察と同列に

現在は海上保安庁長官には警備や救難の専門家が就任しています。しかしかつて海上保安庁長官は、運輸省／国交省キャリア官僚の落ちこぼれ組の慰労ポストになっていました。一九九五年春、アメリカ沿岸警備隊のクラメック長官が海上保安庁の観閲式にあわせて来日したものの、海上保安庁長官は警備や救難には無関心でゴルフの話ばかりをして迷惑を掛けたという逸話も残っています。彼は後に帝都高速度交通営団（東京メトロの前身）副総裁に天下りしましたが一年あまりで早逝しました。こんな過去の因習からは永遠に決別しなければなりません。海上保安庁は国交省から分離して国家公安委員会の管轄下で警察と同列にする必要があるでしょう。

そもそも、なぜ海上保安庁が国交省にあるのかというと、アメリカの影響です。海上保安庁は占領下の一九四八年、アメリカの沿岸警備隊をモデルに設立されました。アメリカには内務省がなく、沿岸警備隊が運輸省に属していたことから日本の海上保安庁も運輸省所属となり、その流れで現在、国交省にあるわけです。

しかし、そこはアメリカが特殊だったのであって、本格的な沿岸警備隊を擁する多くの国では、沿岸警備隊は内務省に属し国家警察と同格の組織です。そしてアメリカでも今では国土安全保障省の麾下にあります。

水産庁の漁業取締船は海上保安庁に移管

海上自衛隊と海上保安庁について書いてきました。そのほか水産庁にも漁業取締船がありま す。水産庁の漁業取締船は漁業法違反の国内や国外の漁船に対して警告を与え、場合によって は臨検します。つまり海上保安庁の任務と重なっています。それにもかかわらず別にあるので す。「みうら」「はまなす」といった海上保安庁の船艇と名前がダブっている船もあります。

漁業取締船は、大型九隻、中型（総トン数四九九トン）三〇隻、小型三隻、計四二隻です。国有の船もありますが、三三隻は民間からの用船です。しかも運航要員は民間人で、水産庁所属の国家公務員は漁業監督官だけです。少ない場合は一隻に一人しか乗っていません。それから、やはり漁業監督官が搭乗する取締航空機を数機ばかり民間企業からチャーターし漁業監督官が同乗して運用しています。

諸外国では、こんな縦割り行政の象徴のようなものはありません。強いて言えば、カナダは海上警備に地方警察や水産庁、沿岸警備隊など、複数の組織が関わっていますが、沿岸警備隊が統括運用する制度になっています。

水産庁の漁業取締船は、海上保安庁に移管したほうがよほど効率的でしょう。そして乗員はすべて国家公務員とするのです。もちろん取締航空機の役割は、海上保安庁の飛行機を増強し

水産庁の漁業取締船「照洋丸」(東京湾にて、著者撮影)

て引き継ぎます。

航空自衛隊の救難捜索機は海上保安庁に移管

航空自衛隊U−125A救難捜索機は良い飛行機で、航空自衛隊は二三機ほど保有しているようです。しかし航空自衛隊が持っている限り救難捜索専用です。しかも危険海域に出せるような飛行機ではありません。危険地域での救難捜索は、諸外国では戦闘爆撃機や攻撃機が行います。それが軍隊の普通の有りようでしょう。平時の救難捜索なら軍だろうと沿岸警備隊だろうと出られる飛行機は出るのは当然です。

U−125A救難捜索機は航空自衛隊から海保に移管したほうがいい

このようなビジネス機改造の洋上捜索機は、普通の国では沿岸警備隊が保有します。沿岸警備隊がなく海軍がその役割も担うフランスでは、ちょうど通報艦という巡視船と似た艦を海軍が持っているのと同じことで、U−125Aと類似の航空機（ダッソー・ファルコン）を海軍が持っています。なお、以前はアメリカ沿岸警備隊も同系機を多数もっていました。アメリカの税関もビジネス・ジェットを改造した警備用航空機を使っています。

平時から海上警備を行うのは海上保安庁です。もし海上保安庁に移管することができたら、警備・救難の両方に使えるようになります。平時の救難であれば自衛隊でも海上保安庁でも構

救難捜索機U-125A（航空自衛隊HP）

わないわけです。

海上保安庁の警備救難用ヘリコプターは各基地最低四機に

二〇二二年四月二三日、北海道で知床遊覧船沈没事故が起きました。小型観光船ＫＡＺＵ　１が知床半島沖で消息を絶ち沈没したのです。捜索・救助にあたって、当然、海上保安庁にも連絡が入りました。ヘリコプターのある海上保安庁の基地で現場に最も近かったのは釧路。しかし、一機が重整備（企業に送って行うオーバーホール）中で、一機が別の方面で飛んでいたので、遊覧船ＫＡＺＵ　１に向かうことができるヘリがありませんでした。

現在の基準では、海上保安庁の警備救難用ヘリコプターは、各基地に最低二機置くことになっていますが、二機では不十分です。一機が航空基地で整備中で、別の一機が重整備中であれば、緊急事態に対応できるヘリコプターが一機もない。そのような事態は十分に予測されることです。

私は各航空基地に最低四機を置くべきだと思います。一機は基地で整備中、一機は企業で重整備をしていても、常に二機が待機できる状態です。もちろん四機あっても、事故などが多発して、すべて出払ってしまうこともないとは言えませんが、通常の使用状況から鑑みて三機あれば一機は必ず飛べる。そして余裕をみて二機は必ず飛べる体制にしたい。それが四機体制の根拠です。

そもそも海上保安庁の予算は少なすぎます。倍増しても足りません。

大型巡視船を軍艦構造に

ところで、警備に重点を置いた巡視船艇は、平時的な警備に特化しているだけに、自衛隊の補助戦力にはなり得ない。軍艦構造の船は区画防御がしっかりしています。狭い壁で仕切られていて、ある箇所に穴があいても、隔壁（耐圧耐水ドア）を閉めれば、他の部分に浸水しないようにできているのです。しかし、海保の巡視船はほとんどが商船構造で、軍艦構造の船はプルトニウム護衛用に作られた「しきしま」や「あきつしま」など五隻だけです。

巡視船の武装強化をあれこれ提案する人がいますが、それよりも防御構造のほうが大事。多少強い武器を据え付けたところで外国の正規軍には太刀打ちできません。それよりも、相手が

Combat Boat 90H（YouTubeチャンネル「Shipsforsale Sweden」）

偽装漁民等であった場合、大砲やミサイルに出番はありません。

大切なのは、平時だが緊張が高まっているという状況への対応能力です。いわゆる「グレーゾーン事態」への初動対応も含まれる。防御が脆弱なら、平時であっても緊張した海域に赴くのは困難です。少なくとも大型巡視船はすべて軍艦構造にするべきです。そして、消火施設の基準なども軍艦なみにすべきだし、対水上レーダーも、自衛隊にならって限定的な対空捜索機能を兼備している型（ＯＰＳ-28等）を使うべきです。そして近接防御機関砲（ＣＩＷＳ）くらいは装備するべきでしょう。

その他にも外国の沿岸警備隊や国境警備隊だけではなく軍隊も見て、参考にできることはあるのではないでしょうか。たとえば小型巡視艇（ＣＬ）についてです。スウェーデンには「90Ｈ」型という高速揚陸艇があります。海上保安庁の小型巡視艇より一回り小型です。そして揚陸艇といっても強襲揚陸作戦に使うというより、錯雑とした海岸地形で、不法越境・上陸者などを追跡する警察や軍隊の警備隊を運べるようになっているのです。兵員等二〇人または貨物二八トンを運べます。このような艇を参考に巡視艇を作れば、不法入国者を警察や自衛隊と協力して海陸共同で捜索するような場合に有用ではないでしょうか。

機雷掃討に使える巡視船

むしろ、救難業務に重点を置いた、「救難強化型」の巡視船こそ、有事に自衛隊の作戦統制下に入れたら役立つと思えます。特殊救難隊が母船として使うような船です。水中テレビ・カメラを装備したROV（ドローン）とハル・ソナーからなる海中捜索救難システム、特殊救難隊が搭乗するための潜水作業支援施設などを備え、潜水支援艇を搭載しています。

そのままで機雷の捜索に使えます。港湾口の安全確保に貢献できるでしょう。海中捜索用のROVは、爆雷を搭載できればそのまま水中航走式機雷掃討具になる。管制装置を少し改良するだけで使えます。

それだけではありません。武力攻撃事態が認定される前のいわゆる「グレーゾーン事態」であっても、「国籍不明」の機雷が敷設されるような状況は想定できます。このような時にも有用です。また港の入り口で船舶が爆沈したとき、救難活動は必ず機雷捜索処分作業を伴います。そのようなことを考えても、「救難強化型」巡視船の機雷掃討能力付与は必要です。

離島空港の警備を海上保安庁に

島国日本には離島が数多くあります。そして滑走路長八〇〇メートル以上の空港のある離島は三二あります。そのうち北海道北端の礼文島空港は現在供用中止になっています。それから、三二空港のうち滑走路長一八〇〇メートル以上あってジェット化されている空港は一四あります。八〇〇メートル滑走路の空港でも重要です。近い将来ATR42−600Sという乗客最大四八人の旅客機が就航できるようになるからです。

しかし離島の空港警備はあまりにも薄すぎます。警察官は一人だけというところもあります。しかも警備担当者の多くが民間の警備会社からの派遣職員で捜査権限がない場合が多いのです。しかもその空港保安検査員すら慢性的に不足しています。

離島の空港は、たいてい海岸線沿いにあるため、空港警備も海上保安庁の管轄にすべきではないでしょうか。港は海上保安庁が警備できますが、離島の場合、空と海の警備は分けられません。それに、不法入国者が空港で待っている人物の手引きを受けてすぐに空港から他の土地に去ってしまう。そのような場合、捜査機関間で情報の受け渡しに時間がかかっては不都合です。空港の民間警備員に捜査権限がないから逃がしてしまうということでも困ります。もちろん地元警察との連絡も必要ですから警察官は残す。しかし民間警備会社の職員はできるだけ海上保安庁職員と交代させます。

図表2-1 離島の民間空港とその滑走路長
（滑走路長800m以上。防衛省または米軍の施設は含めない）

A.第一管区（該当地域は北海道）	
礼文	800m（2009.4.9~2016.3.31供用休止）
利尻	1800m
奥尻	1500m
C.第三管区（該当空港はすべて東京都）	
大島	1800m
新島	800m
神津島	800m
三宅島	1200m
八丈島	2000m
B.第七管区（該当空港はすべて長崎県）	
対馬	1900m
壱岐	1200m
小値賀	800m
上五島	800m
五島・福江	2000m
C.第八管区（該当空港は島根県）	
隠岐	2000m
C.第九管区（該当空港は新潟県）	
佐渡	890m
C.第十管区（該当空港はすべて鹿児島県）	
種子島	2000m
屋久島	1500m
奄美	2000m
喜界	1200m
徳之島	2000m
沖永良部	1350m
与論	1200m
C.第十一管区（該当地域は沖縄県）	
伊江島	1500m
粟国	800m
久米島	2000m
慶良間・外地島	800m
北大東	1500m
南大東	1500m
宮古	2000m
下地島	3000m
多良間	1500m
石垣	2000m（平行誘導路あり）
波照間	800m
与那国	2000m

ドイツ・フランクフルト・アム・マイン空港の国境警備隊の装甲車（1997年9月5日、筆者撮影）

前ページの表は、空港の場所が海上保安庁のどの管区に入っているか、付記してあります。

まずは日本最西端の先島諸島、すでに海上保安庁の石垣航空基地がある石垣空港を手始めに、空港の警備そのものを海保の担当にしてしまうのはどうでしょうか。もちろん、その場合は海上保安庁の増員も欠かせません。空港警備に装甲車くらいは必要でしょう。

上の写真は、ドイツ・フランクフルト・アム・マイン空港で1997年9月5日に私が撮影した国境警備隊の装甲車です。上部に機関銃を装備しています。連邦国境警備隊は2006年に連邦警察と改称されました。

ところで、警察の射撃練習場の基準は一五メートルですが、海保は二五メートル。拳銃の練習ならそれでいいかもしれませんが、MP5短機関銃（サブマシンガン）を使いこなすなら一

「銃を手に、年頭視閲式に登場した特別警備隊＝（二〇一八年）一月一九日午前、皇居・東御苑」（朝日新聞Digital）

〇〇メートル射場が必要です。

皇室ジャーナリスト久能靖氏によると赤坂の皇宮警察の地下にある訓練射場も一五メートルです（久能靖『皇宮警察』河出書房新社、二〇一七年、九七―九八頁）。拳銃の訓練を行う場所だそうですが、皇宮警察は短機関銃も持っていま す。その射程を活かすための練習はどこでするのでしょうか。皇宮警察も広い意味では陸上防衛力の一端を担う重要な組織です。改善が望まれます。

余談ですが、私の伯父（故人）は海軍陸戦隊の少尉でした。所属は設営隊（建設工兵）でした。それでも射距離五〇メートルの訓練場で一四年式拳銃を両手撃ちして八発中四発は的に当てられたと言っていました。拳銃で戦闘する訓練を受けている人は、それくらいの技量はあるものです。

海上保安庁の船舶搭載ヘリの運用限界に特例を設けよう

船がどのようなヘリコプターを積載できるかは甲板の強度と寸法で決まってきます。そのため、ヘリコプターの選択は船の選択にも関わってきます。

ところで、海上自衛隊は航空法適用除外なので回転翼直径が艦の全幅を上回っていても構いません。しかし海上保安庁には航空法が適用されるので、自衛隊に比べて、船の大きさの割には積めるヘリが小さいのです。以前、海上自衛隊のヘリ操縦士にこんな話をしたら、安全性に問題はないのだからと不思議がっていました。この点は、海上保安庁にも特例を認めて航空法の適用除外とするべきでしょう。

とにかく海上保安庁では、ヘリ搭載巡視船でも総重量一一トンあるスーパーピューマ225の発着に耐えられる甲板のある船と、ベル412やシコロスキーS－76Dのような六トン未満のヘリにしか対応できない船があります。

今後は、すべての海上保安庁巡視船のヘリ甲板が、一一トンのヘリ（海上保安庁のスーパーピューマ225及び海上自衛隊のSH－60K／L）の発着に対応できるよう作られるべきです。海保と海自のヘリコプターは、まったく違います。たしかに自衛隊の哨戒ヘリはキャビン高に余裕がないので、海上保安庁が改造型を採用するのは無理だと思います。ただし海上保安庁は陸上自衛隊UH－2と同型機（ベル412EPX）も導入しています。また同庁は以前から同系の旧型を使っていました。

専用の病院船は必要か

昨今のCOVID-19（新型コロナウイルス感染症）蔓延初期もそうでしたが、何か大災害が起きるたびに病院船が必要だという議論が澎湃《ほうはい》として起こります。そして忘れ去られる。その繰り返しが続いています。

どうするべきでしょうか。参考になるのが二〇二〇年四月一日に日本クルーズ&フェリー学会有志が発表した「クルーズ客船の新型コロナウィルス等感染防止についての提言」です(http://cruise-ferry.main.jp/2020/03/11/%e7%b7%8a%e6%80%a5%e5%8b%89%e5%bc%b7%e4%bc%9a%e9%96%8b%e5%82%ac/)。おおむね二〇一〇年以降に建造された客船（クルーズ船やカーフェリー）は、以前の船とは違って空調が改善されているので、そのままでも病院船として使えるということが指摘されています。

そうすると、新規に病院船専門の船を建造して平素は遊ばせておくよりも、客船運航会社に助成金を提供して、客船を新造して古い船と更新するよう促したほうが良いでしょう。もちろん、ヘリ発着甲板やストレッチャーでの患者搬送に適したエレベーター等を設計仕様に盛り込むことを義務づけます。

そのような客船が充実してくれれば、必要時に傭船して病院船として使えるようになるでしょう。それに、病院船を二、三隻だけ作るよりも、客船新造を推進すれば造船業も助かります。

その際、自国産業を不公正に優遇していると諸外国から非難されないためにも、IMO（国際海事機関）やWHO（世界保健機関）とも連携しながら国際的な協力体制を築いて、その枠組みの中で規格を決定し政策を推進するのが良いでしょう。病院船は人道目的の船ですから、国際協力の体制も容易に創れる。運用についても、各国で協調して構築することが考えられます。

原子力発電所施設の防護体制

原子力発電所の警備というと、よく、警察や自衛隊はどうしているという議論が起こります。

警備は民間警備会社からの派遣社員に依存していて、公務員たる警察官は警備員からの呼び出しがあって駆け付けるだけです。ただ例外的な事例はありました。二〇〇二年五月一六日、警察庁は、サッカー・ワールドカップ（五月三一日〜六月三〇日）期間中に限ったテロ対策として、短機関銃も装備した銃器対策部隊を一二道県の一六施設の商業用原子力発電所などに配置するよう決定しています（『朝日新聞』二〇〇二年五月一六日夕）。

ところで、原子力発電所はすべて沿岸地域にあります。海水による冷却が必要だからです。もちろん取水口と排水口があります。そうである以上、原発警備とは、沿岸警部の一部だということです。つまり、海上保安庁の任務にもかかわります。

　さて、潜水艦の侵入を防ぐために、海に張り巡らせる金属製の網を防潜網といいます。朝鮮戦争のころには東京湾の浦賀水道と佐世保湾口にはアメリカ海軍の防潜網が敷設されていました。もっとも交通を妨げる迷惑施設として嫌われていましたが。一九六〇年代には自衛隊の公表資料に防潜網の備蓄が記載されていたのに、その後はそんな資料を見たことがありません。もちろん常に張っておくことは交通の障害になるので無理ですが、有事にはこういう装備も考えるべきです。海上交通の要所以上に、原子力発電所の出入水口の近辺には防潜網が準備されていることは必要でしょう。

　今日の技術なら、センサーを組み合わせたシステムにできます。特殊部隊のダイバーにも対処できます。テロ対策にも役立ちます。これが日本にはありません。

　イギリスには原発警備を担当する原子力警察があります。国家警察の一つです。名前は「警察」で文官組織ですが、自動小銃はもちろん、三〇㎜機関砲すら持っています。地元の地方警察と協定を結び、原発の敷地およびその周辺が原子力警察の管轄、それより外は地元の地方警察の担当と、警備の区割りを決めています。

　武官組織の「軍隊」でも文官組織の「警察」でも構いませんが、原子力発電所などという重要施設は軽機関銃や自動小銃で武装して厳重に守っているのが世界標準だということです。

　海の話から逸れますが、原発の警備・防備については敷地内の道路の敷き方なども考えないといけません。車が直進できるようでは、爆薬を積んだ車両が勢いよく突っ込めます。そこで、重要施設の敷地内では、ふつう、道路は蛇行させ、路肩を高めにして、自動車は徐行しないと入れないようにするものです。

残念ながら日本の施設ではそのような配慮はありません。やる気があれば、すぐに直せるはずですから、今からでも改善してもらいたいものです。

ところで、原子力施設で働く作業員等に内部脅威者がいる可能性について、主要国の中で日本だけが（Security Clearance：保安審査、適格性評価、以下、「ＳＣ」と略す）制度を採用していません。電力業者の自己申告に委ねているだけです。米国は、二〇〇七年二月九日の日米協議で、日本の原子力発電所の警備について作業員のＳＣ義務化や武装警備員の配置を要求しましたが、文部科学省が拒絶したのです（文部科学省・研究炉等安全規制検討会「内部脅威対策について」（２００５年9月）（http://www.mext.go.jp/b_menu/shingi/chousa/gijyutu/004/torimatome/05111001/001.htm）２０１７年11月24日参照。谷田浩明「柏崎原発に送り込まれた『北のスパイ』」『週刊文春』二〇一〇年六月一〇日、二六〜二九頁。福田博幸『公安情報に学べ！』日新報道、二〇一二年、二七頁。『産経新聞』二〇一四年一一月二五日）。高度な科学技術研究の問題でもそうですが、文部科学省は関係者のＳＣ義務化には頑強に抵抗しています。いい加減、原子力行政から文部科学省を外し、関係する施設や人員を他の組織に移管することを考えるべきではないでしょうか。

原発政策への提言：原子炉搭載の発電船

政府は二〇二二年八月二四日、新世代原子力発電所の新設を検討すると発表しました。今後日本で作る原発は、新世代炉が中心になるでしょう。

私は技術的なことはわかりません。しかし新世代炉として、たとえば小型モジュール炉（Small Modular Reactors：ＳＭＲ）は話題になっています。ＳＭＲは小型なので冷却水をポンプで回さないで自然対流だけで間に合い、そのため安全性が極めて高い。三菱が開発中のものは六〇％の高濃縮燃料を使いますが、別の会社では従来型原発と同じ低濃縮燃料を使うものも開発しています。実はアメリカも自然循環式原子炉を積む潜水艦（ナーワル：ＳＳＮ－６７１）を作ったことがありますが、静粛性に優れる一方で少し鈍重だったらしく以後は作られませんでした。もちろん私はどの型が良いと論ずるつもりはありません。

閑話休題。陸上に原子力発電所を建設しようとすると、立地問題で大変な騒動になります。活断層の有無を判断するには大変な時間を要します。もちろん、地元に受け入れてもらうための作業にも多くの時間を要します。

また、ウクライナのチェルノービル（チェルノブイリ）やザポリージャ原発をロシア軍が占領しておぞましい事態が起きています。つまり、日本海沿岸への原発建設は安全保障上危険すぎます。

この際、今後は陸上に発電所を新設せず、新世代原発を積んだ発電船による海上発電所に重点を移していったらどうでしょうか。バージではなく普通の船として、補助動力装置のディーゼルだけでも一二ノット以上の巡航速力をつけておけば便利です。冬は北日本の港に係留し、夏は関東や九州などに移動することができるでしょう。津波が来そうな場合は、すぐに沖合に退避することもできます。大きさは、どれだけの港に入港できるようにするかを基準に決定すれば良いでしょう。どれだけの発電量を賄えるかは専門家に訊かなくてはわかりませんが、それによって必要な隻数が決まるでしょう。武装は余計だとしても、昔の戦艦のように重防御にするべきでしょう。そして警備は海上保安庁の管轄とします。

輸出にも向いています。そのような方策もこれからの原発政策の、一つの考え方だと思います。

本章は海上防衛の話でしたが、空母やイージス艦などの細かい装備について触れませんでした。正面装備については「必要なだけ持つべきだ」の一言に尽きます。それよりもまず、各港で整備できる体制をつくることを私は声を大にして言いたいのです。そこができていなければ、いかに最新式の装備を増やしても、結局、その威力を発揮できず、何にもなりません。

第3章

あるべき空軍

3-1 生き残りのための政策

航空自衛隊の最大の任務は生き残ること

海上自衛隊と同じように、というよりもそれ以上に航空自衛隊の最大の任務は生き残ることです。敵基地攻撃などと勇ましい話が好きな人がいますが、しょせん戦闘爆撃機の行動半径は一〇〇〇キロメートル程度なので、中国やロシアの長距離爆撃機や長距離弾道弾の基地を爆撃できるわけがありません。

普通、国家間の武力紛争では、仕掛ける側は、まず航空撃滅戦を実施する。それで戦闘機部隊が組織的な戦闘実態として生き残ることができなくなれば、敵の地上戦力による本格的な侵攻を許すことになってしまうからです。

しかし理由はわかりませんが、ロシア軍は緒戦で航空撃滅戦を行いませんでした。ウクライナがロシアの侵攻を受け、苦戦しながらも、決定的な敗北を喫せず、少なくともウクライナ軍による航空ゲリラ戦が成り立つぐらいには押し留めている理由の一つは、ミグ29が生き残っているからです。

ウクライナ軍のミグ29はソ連崩壊以前に製造された初期型で、草地を転圧しただけの未舗装滑走路でも使えます。前方に向いた空気取入口を閉じ、上向きに開けられるようになっているので、不整地でもエンジンは草や土ぼこりなどを吸引しません。そして、前輪がダブルタイヤ、後輪は低圧タイヤで、土中にめり込まない。戦闘機ですが、どちらかというと陸軍のヘリコプターに近い運用をします。ですから、敵の第一撃の前に各地に分散したら、航空撃滅戦があっても生き残るわけです。

ウクライナはポーランドなど東欧諸国に対してミグ29を要求していて、その一番の理由はウクライナが使い慣れていて、補用部品や整備機材も備わっていることです。しかし同機のこのような特性も、ウクライナが欲しがる理由でしょう。

それに、ミグ29はエンジンを外すより簡単に左右の主翼を外し、コンテナに入れて貨車輸送できます。翼を外せば部品ですから「航空機部品」として送ることができます。ウクライナは部品しかもらってないことになっていますが、ひょっとしたら翼を外した状態で「部品」として送られたものを組み立てて補充しているかもしれません。東欧各国が、そういう頓知のきいたことをシレッとやっている可能性はあります。

しかし日本の航空自衛隊は海上自衛隊同様、日本本土の有事には、大型機（早期警戒管制機、給油機、輸送機など）は海外同盟国に退避させ、そこから同盟軍の一員として作戦に参加するしかありません。

航空自衛隊の最大の敵は国土交通省航空局

自衛隊員を見ていると、個人的には「良い人」が多いように感じます。けっして褒《ほ》めているのではありません。戦前の政治的下剋上への反省として、政治に関心を持つことすら憚られるよう自己調教しているのが自衛隊の内実です。国内保安を懸念すれば、「自国民に銃を向ける気か」と指弾されます。そこで国内保安については努めて無関心になってきました。

最も航空自衛隊を敵視している組織とは、外国軍ではありません。国土交通省なかんずく航空局なのです。なぜか。

旧運輸省系の国土交通省官僚にとって、民間航空の振興こそが自分たちの目的であり、飛行場や空域で競合する自衛隊や在日米軍は邪魔者です。彼らは、自衛隊の訓練空域を減じて民間航空路を増やそうと尽力してきました。また、できる限り多くの自衛隊の飛行場に民間機を乗り入れできるように努め、自衛隊との共用飛行場への国際線や外国航空会社を導入させようと鋭意努力してきたのです。その事情はエアライン各社の首脳も同じ。

それに加えて、日本の交通産業の労働組合には強力な左派勢力がいます。ＪＲとくに東日本、北海道、貨物三社の労組では旧動労（革マル派が主体）が最も有力です。そして民間航空とくに日本航空の機長組合や国土交通省の航空管制官の組合などは共産党系が主体です。これらの組織は、日本の防衛力弱体化を企図しています。

一方、ＪＲや民間航空それぞれの企業も労組の虎の尾を踏まないよう気を遣っています。労働組合に反発されてストライキ（罷業）でもされたら大損害ですから。

それは官僚にしても同じ。公共交通機関のストライキは官僚のキャリアに重大な傷をつけることになります。またこれらの業界は、国交省官僚の大切な天下り先です。したがって、鉄道や民間航空の軍事利用に結びつくような施策には、労組のみならず企業幹部や国交省を挙げて徹底的に反対し妨害します。

さらに、国交省の旧運輸省系官僚は、鉄道、航空、海運といった分野を渡り歩きながらキャリアを重ねていきます。ですから共産党にも革マル派にも忖度するようになっていく。その一例が国会答弁に見られます。二〇一三年一一月七日の参議院で、高橋清孝警察庁警備局長は次のように述べています。

「ＪＲ北海道労組と革マル派との関係につきましては鋭意解明に努めている」「ＪＲ総連内において革マル派活動家が影響力を行使し得る立場に相当浸透していると認識」「ＪＲ東労組にも革マル派が相当浸透していると認識」「ＪＲ東労組以外のＪＲ総連に加盟する労働組合と革マル派の関係につきましては、鋭意解明に努めている」

しかるに瀧口敬二国交省鉄道局長は、「個々の運転士が所属する労働組合については把握すべき立場にはありません」と言い放ちました（第一八五回国会参議院国土交通委員会会議録第三号〈平成二五年一一月七日〉一一～一二頁）。余談ですが、瀧口は後にクロアチア大使を務めました。

国土交通省官僚には、国際人道法（赤十字条約）が軍民分離主義を謳っているので、飛行場の共用化はできるだけ避けるべきだと言われても馬耳東風。それどころか共用飛行場での非常事態における民間人退避問題について防衛省が協議を呼びかけても相手にもしません。米国が要求する民間空港の有事利用については門前払いし続けています。

もしも国土交通省が防衛省やアメリカ軍の有事計画に協力しようものなら、航空管制官をはじめとする多くの労働組合がゼネストを打つのは目に見えています。そのようなリスクを国土交通省が引き受ける訳がありません。

板付基地が日本に返還されて福岡空港が発足した（一九七二年）とき、返還条件だったはずの有事使用の保証は、運輸省（当時）が握りつぶしました。それ以降、アメリカ当局は日本への施設返還に否定的になりました。

一九九六年に「日米防衛協力の指針」（いわゆる「ガイドライン」）を策定して有事の施設利用について検討していたとき、運輸省は下の五条件を出して空港の米軍使用を実施不可能にしました。

（1）米軍の使用に伴って、民間機の減便が必要な場合は、航空会社との調整
（2）航空会社が外国社の場合には、外国政府の合意
（3）地方自治体の管理空港では、その自治体の合意

（４）騒音規制のある場合は周辺住民の合意
（５）特定空域の確保や管制官らの配置などの調整

（『朝日新聞』一九九六年五月三一日。『朝日新聞』一九九九年二月二三日）

この（１）と（２）は、日本が主権国家でありエアラインは国籍を問わず民間企業なのだから本来無用です。命令すれば事足る。つまり運輸省が条件を付けた理由は、有事対応に外国政府や民間企業を巻き込んで非常時対応を困難にするためです。しかも、朝鮮半島有事にせよ台湾海峡有事にせよ、中国が敵対的当事国ないしその後援国になります。運輸省は、そのような時の空港運用にすら中国エアラインひいては中国政府の拒否権を認めようとしたのです。また（３）と（４）は、地方自治体に拒否権を与えるもの。そして（５）は管制官に大きな影響力を持つ左翼労組（全運輸労働委組合（国土交通労働組合の前身）および航空労組連絡会）に拒否権を与えるものです。

そんな訳で、民間空港の有事利用はもちろん、自衛隊と民間の共用になっている空港の有事利用すら具体的な計画は立てられません。いくら日米両国の外務・防衛当局が協力して共同作戦計画を作ろうとしても、概念計画は作れるのですが、肝心の実施計画は国土交通省の拒否権行使があるので作れません。

左翼労組と国交省官僚は、動機は違うでしょうが、反軍主義という点で一つ穴の狢です。国交省官僚が自衛隊を好意的に見ている場合があるとしても、それはせいぜい観光資源としてでしょう。もちろん、国際空港での諜報や防諜にも無関心です。そもそも諸外国では民間空港であっても空港の見学デッキは廃止する趨勢にあります。

防衛省・自衛隊で、以上のことを理解している者は滅多にいません。

特定公共施設利用法

民間の空港、港湾、道路、電波周波数などを防衛目的で利用できるようにする「武力攻撃事態等における特定公共施設等の利用に関する法律」（特定公共施設利用法）は制定されました。けれども特定公共施設利用法は平素からの準備には役立ちません。むしろ他の省庁や自治体が平時からの準備や協力を拒む口実として有効な内容になってしまいました。当時小野寺防衛大臣は同法について、「武力攻撃事態が生起した場合」「何か有事が起きたとき、あるいは何かの事案が起きたときには政府全体として取り組むことに」なっていると衆議院で説明しています（二〇一三年一〇月三〇日）。そして岩屋防衛大臣（当時）は、「事態に応じて調整をして確保をするということになるわけでございますから、どこかに決まっているということではございません。それで特段の問題は生じないというふうに思っております」と参議院で言いました（二〇一九年三月四日）。

つまり、日本に対する武力攻撃でも生起した後でなければ政府としての取り組みに着手することができないという意味です。しかも周辺事態（重要影響事態）が生起した時点ですら準備を始めることができないのです。敵の侵略が始まってから泥縄を綯《な》うことしか許されない法律だという意味です。

ところで、第二章にも書きましたが、一九九四年春、北朝鮮事態を見据えて、米国は日本に戦時接受国支援（ＷＨＮＳ）に関する要求が伝えられました。八カ所の民間空港（新千歳・成田・関西・福岡・長崎・宮崎・鹿児島・那覇）の提供を要求しました。しかも施設だけではなく、在日米軍が荷役作業で使用するフォークリフト等の機材多数の供給なども含み、そして荷役や給油、整備や補給などの労務提供も含む要求でした。米国による正式な要請から一〇日以内に使用可能にするような待機体制を整えることを求めたものです。

なかでも新千歳空港は航空自衛隊千歳飛行場と誘導路でつながっています。長崎空港と海上自衛隊大村飛行場もそうです。福岡空港の中には航空自衛隊や在日米軍の施設もあります。那覇空港は、陸海空自衛隊と共用の施設になっています。

そのような施設は、国際常識で考えれば軍事優先で態勢が作れるはずです。米国にしてみれば、他の同盟国に準拠して要求しただけのつもりだったのでしょう。しかし日本では国土交通省がすべて握りつぶしました。

3-2 飛行場は防衛上の重要施設

飛行場は「兵器」である

航空自衛隊を創設したとき、施設課は後方部ではなく防衛部に作りました。それは「施設なくして防衛計画なし」という考えからでした（近藤博隆元統幕学校長インタビュー：一九九八年六月二八日）。要するに、軍用飛行場とは単なる施設ではなく兵器なのです。この考え方が、民間航空とはまったく違います。一般的に軍用飛行場には以下の条件が満たされていることが必要です。

- 大型機の運用にも耐える充分な整備場と貯蔵施設があること。
- 二本並行する滑走路があること。
- 航空機の分散駐機場があること。戦闘機等の前線基地の場合、各機を掩体（シェルター）に格納。
- 燃料タンクが地下化されていること。
- 武器・弾薬の貯蔵庫が地下化されていること。

- 対空火器（地対空ミサイル等）を設置する施設・場所があること。
- 機動バリアー（アレスティング・ワイアーロープ）が装備されていること。
- 周辺警戒保安施設があること。
- 航法レーダーと捜索・監視レーダーが設置されていること。

自衛隊の飛行場は、この条件に満たないところが結構ある。

それから、戦闘機などのアフターバーナを備えた飛行機を運用するのであれば、滑走路はコンクリート舗装でなくてはなりません。できれば、舗装時に金網等を重ね合わせて作る超硬化滑走路にしたいものです。

付言すると、米軍の飛行場がたいていゴルフ場を併設しているのは、来援あるいは展開途上の陸軍部隊がキャンプできる場所を確保するためでもあります。

民間人の犠牲を顧みない飛行場軍民共用化

日本では自衛隊と民間が共用している飛行場・空港が多くあります。戦闘機に限っても、三沢、小松、百里（茨城空港）、那覇です。また千歳基地も新千歳空港とは誘導路でつながっていて、同じ施設のようなものです。しかしこれは人道上の問題で、人道法上は御法度なのです。

有事になれば敵は航空撃滅戦を発動します。戦闘機のいる飛行場は最優先攻撃目標になる。

基地が敵の攻撃を受けているとき、ここに民間人がいれば、攻撃の巻き添えになったり足手まといになったりします。だから国際人道法（赤十字条約）も軍民分離主義の原則に則って、このような軍用と民用を共用にする施設の整備建設を戒めているのです（文民保護条約〈第四条約〉第二八条、第一追加議定書第四八条、五〇条、五八条）。

ところで、文民保護原則が守られていれば民間人に大規模な巻き添え被害は生じない根拠を書いておきましょう。一般に、航空爆弾は、メクラ爆弾（誘導装置のない爆弾）を中高度から投下した場合でも、狙った所から三〇〇メートル以内の所には落ちます。そして大抵の爆弾の効力半径は五〇〇メートル以内です。つまり、攻撃側が軍事目標主義の原則を遵守していて、また防御側が民間人を軍事施設や軍隊の所在地から一キロメートル以上離していれば、民間人に多くの犠牲は出ないわけです。もちろん間違いや事故は起き得るもので、その犠牲が、人道法の容認する「犠牲」とされるのです。

さらに、事態発生直前に考えなくてはならない、危機管理上の理由を指摘しましょう。人道および防諜の理由から、共用飛行場では、危機が高まれば、以下の諸策を防衛準備態勢（デフコン）の引き上げに応じて実施していくことも必要となります。

民間人の見学の中止、土産店やレストラン等の閉鎖と従業員の退去、民間機運航の自粛の航空各社への要請、民間機運航禁止の命令、旅客の退去の命令、駐機している民間機の撤去の命令、警備・防備に任ずる自衛官の民間区画への配備、命令に従わない民間人の拘束、等々。

さらに、対空火器の展開や陸上自衛隊部隊の導入なども必要になります。しかし自衛隊だけの基地なら簡単にできることも、共用飛行場の場合は民間人の目を気遣わなくてはならないので判断は難しいでしょう。

したがって、共用の飛行場では、緊張が増大してくる時の対応は難しいのです。民間人の安全を重視するなら、そして国際人道法の趣旨を尊重するなら、危険な状況では民間人を早期に退避させるべきです。

しかし、看過できない二律背反の難問があります。危機は高まっているけれども敵による攻撃は未だ始まっていないという状況で、民間人退去などの、人道的措置を実行したと仮定しましょう。これらの活動は秘密裏には行えません。民間人退去を始めでもすれば、日本側から脅威対象国への挑発ないし先制的な戦争準備であると解釈されたり、そのような悪宣伝の材料になったりします。そうなれば状況が不安定化し、却って敵方が開戦を決心することを後押ししてしまう。危機管理の観点からは最悪です。

危機管理政策の観点から状況の安定性を重視するならば、危機が切迫しても民間人には警告せず、敵の第一撃の巻き添えにするという非人道的政策こそが良策ということになります。だがそれは文民保護義務の蹂躙に他ならないわけです。

側聞するに、航空自衛隊には、基地と民間空港を同居させれば敵が攻撃を躊躇するのではないかと期待するようなことを言う幹部がいるといいます。しかし民間人を「人間の盾」とするのは、士道不覚悟の鬼畜です。繰り返しますが、日本を侵略してくるような国で、民間人の犠牲を慮って手加減するような国があるとは思えません。

国際空港はスパイ暗躍の魔境

国際空港は多くの人々が行き交う結節点です。各国のスパイが蝟集しています。ただでさえ軍民両用飛行場は危険なのに、国際空港化したらどうなるか。

そもそも多くの国では民間航空輸送は軍事空輸戦力の一翼を担っています。有事になれば政府が民間機を強制的にチャーターまたはウェットリース（248頁参照）するのは普通のこと。そして航空会社に空軍などの退役軍人多数が再就職しています。彼等の中には予備役要員も少なくないし、表向き退役した後も軍との関係は続いていて情報収集活動を続けている者もいる。だから外国エアラインとスパイの関係は密接なのです。国際空港とは、各国から派遣されてきた諜報員が相互に監視しあう「魔境」です。少し実例を見てみましょう。

エアライン高官がスパイだった好例がピエール・マリオンです。一九六〇年代半ば、エール・フランス東部アジア太平洋地域本社総支配人として東京に駐在していました。後の一九八一年には諜報機関SDECE（対外文書収集・対敵諜報局）長官に就任しました。

冷戦後のロシアでも活動は続いています。一九九六年にアエロフロートの最高財務責任者（CFO）に任じられたニコライ・グルシコフの指示で実施された社内調査によれば、「一万四〇〇〇人のスタッフのうち約三〇〇〇人がスパイで、航空券の売上は諜報活動の原資として外国の巨大な不正資金ネットワークに流出していた」という（Blake, Heidi 加賀山卓朗訳『ロシアン・ルーレットは逃がさない』光文社、二〇二〇年、八四頁、一一五～一一七頁）。グルシコフは後にイギリスに亡命しましたが二〇一八年三月、謀殺されました。

また、ロシア軍情報部（ＧＲＵ）所属と覚しき諜報員が、「アエロフロート日本支社員」として一九九八年秋に来日して二〇〇一年一一月まで日本に駐在していました（『讀賣新聞』二〇〇二年三月二二日夕刊、『讀賣新聞』二〇〇二年三月二三日、『日本経済新聞』二〇〇二年三月二三日夕刊、外事事件研究会編著『戦後の外事事件――スパイ・拉致・不正輸出――』東京法令出版、二〇〇七年、四〇～四二頁）。

北朝鮮関連でも事件はありました。二〇一〇年一〇月、兵庫県警は、成田空港で貨物の仕分け等のアルバイトをしていた金成鳳という男の自宅を捜索。この際、在日アメリカ軍の秘密書類を押収しています。米軍軍事郵便の封筒などの撮影記録が数点あったといわれます。

中国に関しては、二〇〇二年から二〇一六年にかけ、中国系米国人イン・リンが中国国際航空職員としてニューヨークの空港で勤務していました。彼女は中国政府の協力者で、在ニューヨーク国連中国代表部や中国領事館勤務の中国軍関係者の指示に応じて、抜け荷に荷担していました。荷物を乗客のものなどと偽り、未検査のままニューヨークから北京へと送っていたわけです。また、同社の他の従業員にも不正を指南していたといわれます（『朝日新聞』二〇一九年四月二〇日)。

軍民共用飛行場に外国エアラインを入れる愚

国際空港とはスパイ暗躍の地です。その常識を踏まえた上で、外国エアラインを軍民共用空港に乗り入れを認めるとどうなるか考えてみましょう。常駐の事務所を空港内に置くことになるのはもちろん、整備要員などが制限区域でも活動するようになります。国防目的の施設に外国の軍事視察団常駐を認めるに等しいわけです。平時でも訓練や日常業務を観察すれば多くのことがわかります。

日本でも一九七〇年代末期までは共用飛行場の国際空港化は阻止されていました。小松飛行場に国際便を入れようという話が上がったとき、防衛庁は以下のように説明していた。「①有事即応の態勢が要求される戦闘機基地の機能に支障をきたす心配がある。②外国機や外国人客に一線基地を公開する形になるのは、防衛上の建前からも望ましくない。③そのような例は諸外国にもない」(『朝日新聞』一九七九年七月二九日。『朝日新聞』一九七九年一一月二〇日。『航空年鑑』一九八〇年版、四三頁)。

けれども押し切られたわけです。これが前例になってしまいました。さらに冷戦後一九九五年五月一七日、小松空港国際化推進石川県議員連盟は、「議会が一致結束して、共産圏を含めた外国の旅客定期便の乗り入れと、国際貨物便の就航に取り組む」と国際化促進の陳情団を結成しました。その顧問には、奥田敬和（元国家公安委員長）、森喜朗（後の首相）、坂本三十次（元内閣官房長官）、瓦力（元防衛庁長官）、沓掛哲男（後の国家公安委員長）らが連なりました（『北國新聞』一九九五年五月一八日）。防諜について無関心な人々です。二〇〇〇年からは中国機の那覇空港乗入れも始まりました。

ところで、外国エアラインの乗入れを認めてしまった共用飛行場で、事件化した例があります。一九八五年初め、ノルウェーのボードー飛行場（F-16戦闘機配備）とアンドーヤ飛行場（P-3対潜哨戒機配備）でスパイ事件が発覚しました。両飛行場に東側二カ国（ブルガリアとルーマニアらしい）のチャーター便乗り入れを認めてしまったために、その航空会社職員（を偽装身分とする諜報員）による違法な情報収集が行われていたのです。このスパイ事件を受け、二月一日、ノルウェー当局は両国の航空機乗り入れ禁止を発表しました（『航空ジャーナル』一九八五年四月号、一三九頁）。

日本の共用空港で同じような事件があったとしたら、国土交通省は当該航空会社の乗り入れ禁止に同意するでしょうか。直接的にスパイであると露見した人物の追放処分だけで終わらせてしまうでしょう。

平時ですら大変なのです。いったん緊張状態になれば、軍用機の運用や警備に関する諸情報が、この事実上の軍事視察団の監視下に置かれてしまう。さらに、危機が切迫してきた状況では、想定脅威国（仮想敵国）のエアライン所属機が、滑走路上で意図的に止まったり、管制塔の許可なく滑走路に出たりする恐れもある。先制奇襲攻撃に際して邀撃《ようげき》戦闘機が発進するのを妨害するためです。

その予行演習の目的で、平時において、意図的に管制官の指示に反した行動をとって、空港のある国の反応を調査しておくようなこともあるかも知れません。意図的かどうかはわかりませんが、以下に那覇空港で生起した二件について記します。

二〇一二年七月五日、那覇空港を離陸しようとしていた上海（浦東）行き中国東方航空の旅客機が、管制官の許可なく滑走路に進入した。このため、成田からの試験飛行を終えて一～二分後に降りるはずだったエアアジア・ジャパンの旅客機（乗員六人・飛行試験関係者三二人）は、滑走路の約三・九キロ手前で着陸をやり直したのです。運輸安全委員会によると、管制官は中国東方航空機に滑走路手前で待機するよう指示したのに、中国東方航空機は滑走路に入ってしまったといいます（運輸安全委員会〈航空部会〉『重大インシデント調査報告書〈A12015―1～5〉』二〇一五年、Ⅶ-1～Ⅶ-二三頁）。

さらに二〇一八年三月一八日、那覇空港に着陸した海上保安庁のジェット哨戒機が滑走路から誘導路にまだ完全には出ていないうちに、上海行の吉祥航空機が滑走を始めて、そのまま離陸して上海に行ってしまいました。この件について中国『環球時報』は、吉祥航空機が「管制の許可を得ずに離陸した」という報道は「日本側の一方的な見解」だと述べたといいます（『毎日新聞』二〇一八年三月一九日～二〇日頃?電子版のみ）。『環球時報』がこのような報道姿勢を見せるときには疑うべきだというのが常識でしょう。

ところで、空港を機能不全にする方法は他にもあります。二〇〇〇年九月二五日、那覇空港北側滑走路延長上で大型コンテナ船が座礁して、航空機の着陸が朝から夕方まで全面不可能になったのです。これは事故でしたが、似たことを意図的に行うことも懸念されます。

けれども、想定脅威国（仮想敵国）のエアラインを、安全保障上の根拠を明示することなく乗り入れ禁止するということは、国際的な通商規範ゆえ無理です。そして、当該国との外交的対立や報復の応酬合戦に勝ち抜くだけの覚悟なしには、根拠を公表することはできません。

民間空港と防衛目的の飛行場の分離を始めよう

以上の説明でわかったと思いますが、民間空港と戦闘機のいる航空基地とは別施設にしなければなりません。もちろん飛行場を新設するには多大な時間を要します。土地買収の年月だけでも大変なものでしょう。それでも取りかかるべきですし、また、新しい飛行場が完成するまでの間の次善策も講じなければならないのです。

まず、一般論を述べます。共用になっている飛行場からは徐々に民間機の就航数を減らしていくことが必要です。とくに国際線はできるだけ早く撤退できるよう努力しましょう。もちろん、鉄道や高速道路を改良して、他の空港へのアクセスを改善することも必要です。それから、共用飛行場では見学デッキ等は全面的に廃止します。また、百里（茨城）や那覇の第二滑走路をコンクリート舗装に改めることは当然です。それから、共用飛行場では、民間機用の燃料タンクであっても地下防御施設化します。

それから各論を二つばかり提起します。

まず、千歳基地と新千歳空港の問題。現在、自民党の一部が千歳基地に民間航空を入れようとしていますが言語道断です。それより、千歳基地と新千歳空港の間には、ちょうど三沢基地や岩国基地にあるような民航機が勝手に出入りするのを阻止する可動式ゲートを設けなくてはなりません。

それから茨城空港という民間空港は廃止します。海上自衛隊の下総飛行場（二二五〇m）を民間空港化し、現在下総にいる海上自衛隊の訓練飛行隊を百里基地の現在茨城空港になっている所に移転すれば良いでしょう。下総の滑走路は、成田空港の第二滑走路が近距離アジア便専用として供用開始になったとき（二一八〇m）よりは長いので、同様に使えます。あと二年ほどで圏央道（国道四六八号）つくば中央IC（インターチェンジ）から大栄JCT（ジャンクション）間も四車線化されるはず。そうすれば、茨城県と成田空港は近くなります。

一つの飛行場に別型の戦闘機を配備しよう

飛行場内に同型の戦闘機を置いているほうが、同じ部品ですむなど維持経費節減につながるため、予算不足からそうしているところが多いのですが、軍事的には別型の飛行機を配置したほうがいいのです。

別型を配置すると、隊員間で別型の飛行機に対する認識が深められるし、他の基地に常駐している部隊が臨時に機動展開するときの受け皿になります。

現在使われている戦闘機はＦ－15、Ｆ－２、Ｆ－35ですが、同型機種だけを飛行場に置いていたら、イザというときに移動展開しても、難しい整備ができる体制がないかも知れません。あるいは、Ｆ－15用のミサイルはあるが、Ｆ－35用のミサイルはない、などということになりかねません。整備支援の観点からも、一つの飛行場にふだんから複数型の飛行機を置いておいて、両方とも整備・修理できる体制にしておいたほうが有事に柔軟に対応できます。多少維持費がかさんでもそのぐらいの融通はきかせてしかるべきでしょう。

また、スクランブル発進などのとき、ある機種にエンジントラブルなどの異常が見つかり飛行停止になっているときでも、別のタイプの飛行隊が領空侵犯対処（領侵対処）に出動できます。

序章で触れた冗長性の一種です。節約のためにムダを削っているつもりかも知れませんが、必要なムダもあります。防衛力の基本は冗長性であって、そんなところでケチケチしていては防衛力が落ちるばかりです。

ぜひ、一つの飛行場には原則として別型の戦闘機も配備しましょう。

ジェット燃油を灯油ベースに統一しよう

民間と自衛隊の連携という意味では、燃料の統一も大切です。

航空自衛隊および陸上自衛隊ではJP−4という古いガソリンベースの燃料を使い続けています。しかし米空軍は灯油ベースのJP−8に切り替え済みです。また自衛隊も新しいF−35A戦闘機はJP−8を使います。自衛隊がJP−4を使い続けている限り、やりくりは面倒なままです。

JP−8は民間の航空会社で使われているジェットA1燃料と基本的に同一です。厳密に言えば細かい仕様規格は異なりますが、共通規格の燃油が作れます。民間用の燃料ジェットAは、寒さに弱いけれども値段が安い。そのAの耐寒性を改良してできた燃料がジェットA1(≒JP−8)なのです。ちなみにJP−4は民間名ジェットBといい、寒さに強い燃料ですが、日本でJP−4が本当に必要なのは南極観測隊だけです。

JP−4とJP−8と両方をもっていると、使用する燃料に応じて、エンジン制御コンピュータ・プログラムを変えなくてはなりません。JP−4からJP−8への燃油切り替えは全面的に行われるべきです。

民間と自衛隊で使う燃料が違うと、民間空港に自衛隊機が展開したときに、燃料を分けてもらっても使い勝手が悪い。使用燃料をJP−8にしておけば、それができる。日本は軍民共用の飛行場が多いのですから、燃料の統一は絶対に必要な措置です。自衛隊がJP−4からの切り替えを怠っている理由はよくわかりません。

なお、艦載機はJP−5という燃料を使います。F−35Bはこれを使うのだと思います。JP−8に類似の燃油ですが、引火点が高めで火事を起こしにくいのです。JP−5とJP−8とでは、同じエンジン制御コンピュータ・プログラムが使えると思います。海上自衛隊は一九七五年ころJP−4からJP−5に切り替えました。

戦闘機の分散展開

第二次大戦ころの飛行機は草地で発着できましたから、いち早く補助飛行場に逃げてしまえば、全滅の憂き目は見ずに済んだ。空中では集合し、陸上では分散する。そんな方法で、かなり敵を翻弄できました。第二次大戦でフィンランド空軍は森の中に分散してソ連軍の目を欺いた。ドイツ軍のイギリス本土上陸の企図をくじいた「バトル・オブ・ブリテン」でも、イギリス戦闘機隊は地上では牧草地に退避していました。日本軍がすでに劣勢だった一九四三年後半ニューギニア戦では、ジャングルの飛行場に戦闘機隊が分散展開しました。

現ウクライナも不利な状況にありながら、ロシア相手に善戦しています。分散して航空撃滅戦から逃れ、草地の飛行場から展開する、そんな芸当は現代では先に紹介したミグ29初期型にしかできません。

ともあれ、多くの飛行場に分散展開できる体制が大事です。航空機が地上のどこにあるか、敵にはわかり難い体制を作り、作戦を継続するのです。補助飛行場が少ないのなら、民間空港を利用しなくてはなりません。

航空自衛隊は冷戦期から有事に備え、全国の飛行場・空港を、「根拠基地」「機動基地」「緊急飛行場」と分類して研究をしてきました（『産経新聞』二〇〇五年三月一七日）。このときに大事なのは、補給部隊を同伴させることです。いいモデルが、冷戦期のドイツ駐留イギリス軍。各地の分散飛行場に移るハリアーのために整備員や整備機材を大型輸送ヘリコプターCH－47チヌークで運んであげるシステムになっていました。これなど自衛隊も大いに参考にすべきでしょう。米軍ばかりを見ず、イギリス軍も参考にするべきです。

防衛省は近年、南西方面の離島防衛のため、空港の滑走路を修復する施設部隊の必要性を認識し、その配備を検討しています（『産経新聞』二〇一九年三月二五日）。そして「飛行場群」（仮称）編成構想もあります。有事に自衛隊機が展開する民間空港に輸送機等で急派されるチーム多数を擁する部隊です。管制や整備等のため、一飛行場につき要員三〇人以上で、整備器材や燃料や物資や武器弾薬などを携行するわけです（『産経新聞』二〇二一年一一月七日）。

民間空港の舗装をコンクリート化する

第2章にてF－35Bの運用に向けて二隻の「空母型」護衛艦の改修工事が進行中だと書きま

した。しかししょせん二隻です。航空自衛隊は、基本的に陸上の滑走路で発着します。海上自衛隊の艦で脚を休めることはあるでしょうが、大部分は日本全国どこかの飛行場や空港の滑走路から飛び立つわけです。

Ｂを購入するということは、分散して生き残れるようにしようとの発想になったということで、それは大いにけっこうです。しかし、そのためには各地の民間空港の舗装を考えないといけません。民間空港はたいていアスファルト舗装なので、Ｆ－35Ｂの排気九三〇度に耐えられません。コンクリート舗装に直す必要があります。

Ｆ－35Ｂでなくても戦闘機はアフターバーナー※をふかして離陸します。百里基地と那覇基地の新しい滑走路は民間と「共同」使用ということでアスファルト舗装にされてしまいました。百里基地の滑走路増設にあたっては、自衛隊は迂闊にも、国交省が基地内の民間滑走路を作るのにわざわざ戦闘機の利用に不便になるよう心掛けるとは思いもよらなかったのでしょう。沖縄については、そもそも力関係からいっても自衛隊が国土交通省に何か言える立場にはありません。

※アフターバーナー　ジェットエンジンの排気にさらに燃料を噴射して再燃焼させ、高い推力を得る。リヒートともいう。離陸時、高速飛行時、戦闘時などに用いる。

たしかにＦ－35Ｂ以外の戦闘機ならアスファルト滑走路で離陸できます。しかし高熱で滑走路を傷めるので、平時には離陸には使わないことになっている。そのため那覇では離陸は古いコンクリート滑走路で行い、新しいアスファルト滑走路は着陸用に使うという、妙な運用になっています。

しかも、共用飛行場はもともとは自衛隊が大家で、民間会社が家主である自衛隊から借りている店子の形でした。ところが一九九〇年代末のいわゆる「橋本行革」の一環として行われた航空法改正で、共用飛行場での自衛隊と民間会社の立場が逆転、民間空港に自衛隊が居候している形になってしまいました。

軍民共用の名で推し進められたことは、結局、国防への支障を増やす政策でしかありませんでした。ひょっとしたら、そのことを自衛隊もあまり理解していないのではないか。

本来、自衛隊または米軍が使用する可能性がある飛行場の滑走路は、全部コンクリート舗装にしなければなりません。他の省庁ももう少し防衛のことも考えて国土建設政策に携わるべきでしょう。その意味でもコンクリート化の費用は防衛費に入れるべきではない。しかし国土交通省と労働組合が全力で反対し妨害すること必定です。永田町が全力で取り組まないかぎり何も進まないでしょう。

防衛省以外の他の省庁は平時に防衛のことを考えません。小泉内閣と第二次安倍内閣が有事法制を整えたことになっていますが、他省庁が防衛について考えない状態は、その後もまったく変わっていない。それまでは有事法制以前は有事になっても対応するしくみがなかったのに対して、「有事になったら着手する」としただけです。有事になってから泥縄を綯《な》う、つまり平時には何もしないことが法律で明確になっただけです。

日本で道路の滑走路転用は難しい

韓国は昔、有事には高速道路を滑走路として使えるようにしていました。しかし、左派政権時代に国防を骨抜きにしていく一環として中央分離帯を固定式にし、滑走路として使えなくしてしまいました。

我が国日本はどうかといえば、そもそも平地が少なくて山がちな地形を縫うように道路が建設されていますから、臨時滑走路にできるよう高速道路を建設できる場所は限られているでしょう。

しかも最初から滑走路としての利用などは考えておらず、しっかりとコンクリートの中央分離帯があります。それに、居眠り運転を防止するために意図的に蛇行させています。また上部に交通標識をつけていたら、その部分は滑走路としては使えません。

以前、ＪＡＸＡの前身ＮＡＬ※が曲線滑走路での飛行機の運用について研究していました。しかしその後、話が消えてしまいました。そのノウハウが残っていたら、道路を滑走路に転用する話に役立つと思いますが。

韓国の高速道路　中央分離帯が取り外し式で滑走路として使える。道路上には掲示標識板等もない（1997年7月31日、釜山より慶尚北道・慶州市に向かう途上、走行中のマイクロバス車中から撮影）

※ＪＡＸＡは２００３年、日本の航空宇宙３機関、文部科学省宇宙科学研究所（ＩＳＡＳ）・独立行政法人航空宇宙技術研究所（ＮＡＬ）・特殊法人宇宙開発事業団（ＮＡＳＤＡ）が統合されて発足。

掩体（シェルター）は飛行機数の一・五倍が目安

繰り返しますが、航空自衛隊の最大の任務は生き残ることです。

日米の安全保障のあり方について「アメリカが矛で日本が盾」と言われてきました。最近では国際情勢が厳しくなってきたため「アメリカが矛で日本が盾という完全な役割分担の時代は終わった。米国に頼るばかりではいけない」という論調も見受けられます。

(https://www.nhk.or.jp/politics/articles/statement/40365.html
https://bunshun.jp/articles/-/52701?page=2)

その言葉自体を否定はしません。しかし、それを言うのなら、まず各飛行場に掩体（シェルター）を建設してください。飛行場の掩体は、所在する飛行機数の一・五倍が目安です。飛行隊一隊が約二〇機として、飛行場に二隊あれば、六〇基の掩体が必要です。なぜ多めにあったほうがいいかというと、掩体の数が多いと、敵は飛行機を破壊するために、すべての掩体を攻撃しなければならないので、攻撃を決断する敷居が高くなるためです。それから、ほかの基地の部隊が臨時にやってきたときに余分の掩体があれば、そこに入ってもらえます。

現在、航空自衛隊の基地に掩体は、どのくらいあると思いますか？

平成三年度予算までで作られたのが全部で六三基です。まったくない飛行場もあります。たとえば宮城県の松島基地、茨城県の百里基地や宮崎県の新田原《にゅうたばる》基地、福岡県の築城《ついき》基地です。最も多い北海道の千歳基地にしても二四基くらいでしょう。一個飛行隊分ちょっとです。将来の再軍備に備えた訓練組織でしかないという自衛隊の本質が現れています。

これでは「盾」の役割も果たしていません。真剣に取り組んでいたなら、とっくに各飛行場にシェルターを完備しているはずです。もっとも飛行場の防衛体制を整え始めた矢先に冷戦が終わり、それ以後は掩体を新たに建設する動きは、ほとんど止まってしまったという背景もあります。

諸外国の前線航空基地では掩体を多く建設しています。日本よりはるかに危機意識の高い台湾では戦闘機の掩体が充実しています。掩体に一機ずつ入れていたら、大型爆弾であっても一発で一機しか潰せません。しかし駐機場に多数が並んでいたら、クラスター爆弾数発で全滅します。

航空自衛隊の基地には掩体が十分にないので、前述したように深刻な有事には同盟国に退避するしかないわけです。シェルターがない以上、大型機だけでなく小型機も逃げなければなりません。

しかし、自衛隊は、たとえばグアムの米軍基地に退避するような訓練をしたことがありません。もっとも、グアムに戦闘機を逃がそうと思ったら相当数の空中給油機が必要なので、現状ではそれも無理ですが。

米軍が日本を見捨てず、ぜったいに制海権か制空権を取ってくれているという何とも甘い前提で日本の国防政策が成り立っているのです。予算そのほかの関係で、そういう前提にしないと話が何も成り立たず、考えることが許されていなかったということでしょう。

しかし今後は、危機的状況についても真剣に考えていくべきです。そのためにはアメリカはもちろんオーストラリアやカナダにも、いざという時にとりあえず逃げる海上自衛隊や航空自衛隊の大型機のためのベースを用意しておくべきでしょう。

戦闘損傷修理の訓練は不要？

米軍では各飛行場に引退した戦闘機若干を置いています。戦闘損傷修理（ＢＤＲ：battle damage repair）訓練といって、整備員の教官が、ハンマーなどで壊して、隊員が創意工夫でこれを修理するわけです。

諸外国の空軍とは違って航空自衛隊は、被弾などで破損した飛行機の飛行場での戦闘損傷修理訓練を行っていません。自衛隊でこのような応急修理訓練ができないのは、現場の応急修理だけで飛行機を飛ばすことが、民間機の耐空証明なみの安全基準を求める日本の官僚機構にとって受け容れ難いからではないかと思います。しかし言うまでもなくこのような体制は見直すべきでしょう。

3-3 各種装備について

戦闘機と地対空ミサイルの役割分担

思い返せば一九七〇年ころには既に、ミサイルの発達によって戦闘機は過去のものになるという言説が広まっていました。ちょうど戦車無用論と似たものです。そして、それらの説は実戦では否定され続けています。

たしかに地対空ミサイルは限られた地域を守るには不可欠です。しかし、高空では一〇〇キロメートル以上も射程のあるミサイルでも、低空の射界は限られています。地球が丸いので、地平線や水平線より下は狙えないからです。地形に隠れた空域も撃てません。もちろんレーダーを分散配備して守備範囲を拡げることはできますが、それにしても陸上や海上にレーダーを配さなければ無理です。

また、ミサイルというものには最大有効射程の他に最短射程というものがあります。発射後ある程度スピードがつくまでは誘導制御できるようにならない。一般的に、最大射程の大きいミサイルほど最短射程も大きい。ですから、小型のミサイルや機関砲などで発射台周辺を守らなくてはなりません。

その点で、戦闘機は、地対空ミサイルとは比較にならないほど広い範囲を守ることができます。特に、低空を侵攻してくる飛行機や巡航ミサイルを迎撃するには欠かせない。しかし戦闘機の最大の弱点は広い飛行場が必要だということで、その飛行場を守るためにも地対空ミサイル等の高射火器は欠かせません。

航空自衛隊がペトリオット導入時に諦めたことがあります。米陸軍のペトリオット高射部隊は、群本部と各高射隊にそれぞれ一二基のスティンガー携行対空ミサイルが付きます。ペトリオットは最大射程が大きい代わりに最短射程も大きいからです。したがって敵機が肉薄した場合のために携行ＳＡＭが必要です。しかし航空自衛隊はペトリオット導入時、経費と人員を節約するため、携行ＳＡＭを編制に含めることを諦めたのです。

理想論を言えば、群本部と各高射隊それぞれの編制中に、陣地整備と近接護衛を兼ねた施設（工兵）小隊を持たせ、その施設小隊に携行ＳＡＭを装備するべきでした。同じことが、陸上自衛隊の地対空ミサイル部隊についても言えるでしょう。

これからの戦闘機にステルス特性は必須

さて、これからの戦闘機にステルス性能は必須です。非ステルス機は、どんなに近代化改造したところでステルス機配備までのつなぎでしかありえません。

現行の戦闘機のうち、F‐35はステルス運用ができますが、F‐15とF‐2にはステルス特性がありません。したがって、今後、F‐35に搭載できないミサイルや爆弾を導入するのはムダです。

なまじそれを許してしまうと、きっと旧式機を無理して維持しようとする器用貧乏な意見、たとえば「F‐15は射程の長いミサイルが積めるから残しておこう」などという意見が次から次へと出てきます。実際に、F‐15に積む射程一〇〇〇キロメートルのミサイルを導入しようと検討されたことがあります。結局、その話はなくなりましたが、却下の理由は経費でした。F‐15にしか搭載できないミサイルをこれから導入するのは愚かです。

少なくとも、F‐35に搭載できないF‐15やF‐2用のミサイルを今後、開発することはやめるべきです。

航空自衛隊のF‐35

自衛隊が導入しつつある新型主力戦闘機がF‐35です。三通りの型があります。F‐35Aは、アメリカ空軍の主力戦闘爆撃機であるだけではなく、西側各国の主力機になりつつあります。F‐35Bは、アメリカ海兵隊が使うために開発された、短距離離陸・垂直着陸のできる型です。そのような離着陸特性を持たせるための特別な構造が機内にあるので、やや重いうえ燃料容量は少ないので行動半径は小さいし、機内に収容できる兵装の量も少なくなっています。イギリス軍も導入して航空母艦に搭載しています。Ｆ‐35Ｃは、航空母艦に搭載できる型です。カタパルトで発進でき、主翼を増積し折りたたみ式にする等の特徴があります。アメリカ海軍と海兵隊だけが採用しています。現在世界唯一の在来型航空母艦に搭載できるステルス艦上戦闘攻撃機です。

Ｆ‐35ＡとＣが武器を機内に積むための兵装倉は、内舷の最大一一三四キログラムのものが二つ、それから外舷に空対空誘導弾を各一発積む小型の兵装倉が二つあります。外舷の小型兵装倉に搭載するＡＭＲＡＡＭというミサイルは約一五〇キログラムですが、メーカーによれば二〇〇キログラム程度までは問題ないようです。一方、Ｆ‐35Ｂの場合、内舷の兵装倉二つは最大六八〇キログラム。外舷はＡやＣと同じ空対空ミサイル用各二つです。

Ｆ‐35には、ステルスモードとビーストモードという二つの運用形態があります。ステルスモードとは、兵装をすべて機内に収容する形態です。敵のレーダーに探知される危険は少なくできますが、兵装搭載量が少ないので一回の出撃で狙える目標は多くありません。ビーストモードとは機外に多くの兵装を搭載しての運用形態です。ステルス性はないので、敵に接近せずに長距離ミサイルを撃つ場合でもなければ、敵の戦闘機や対空火器を殲滅した後でなければ無理です。ビースト（けだもの）と勇ましいのは、勝ち戦での用法だからでしょう。

航空自衛隊は現在Ｆ‐35Ａを導入しつつあります。そしてＦ‐35Ｂも購入し始めました。いまのところＢは四二機だけの計画です。前章で航空自衛隊のＦ‐35Ｂ戦闘機の発着に備えて海上自衛隊の「いずも」と「かが」の改修を始めた話をしました。

航空自衛隊にはF‐35のBよりAを好む人が多い。たしかにAのほうが行動半径は大きいし、構造が簡単で軽いし、機内兵器搭載量が多くて使い勝手がいいのです。しかし彼らは日本が航空撃滅戦を仕掛けられる側だという自覚が足りない。日本が戦わなければいけない場合とはどういう状況か。残念ながら緒戦は必ず負け戦になります。

正規軍同士がガチで戦争するときにまず行うのは航空撃滅戦です。これによって制空権を獲得し、のちの作戦を有利に運ぶのが定石。旧日本軍もまた一九四一年一二月八日の真珠湾攻撃時に艦上爆撃機で飛行場を空爆しました。そしてフィリピンで米航空戦力を壊滅させています。

逆に制空権を取られたら、陸上部隊の移動もままならなくなる。ですからロシアがウクライナに対して当初、航空撃滅戦をしなかったのは驚きでした。プーチンは「ウクライナには親ロシア派がたくさんいて、早々に降伏するだろう」「ウクライナ空軍は、ロシアがクリミア半島を奪取したときロシアに寝返ったウクライナ海軍と同様、ロシアに寝返るだろう」と妄想していたのでしょう。

緒戦で主な施設が破壊されてしまうのが航空撃滅戦で、飛行場・空港などはまっさきに狙われて使用不能にされてしまいます。Aは滑走路が無事な環境でないと使えません。それを考えたら、航空自衛隊は滑走路が破壊されても戦えるBに重点を移したほうがいいでしょう。

F-35B（「世界に架ける橋」高橋浩祐）

ところでF－35Bはけっこう重いのです。機内の燃料タンクを満タンにして操縦士が乗れば二一トンになります。それに機内に搭載する兵装を最大にすれば二三トン近くになります。これ以上重くしたら短い滑走路では使えないでしょう。F－35Bを日本防衛で使う場合、ビーストモードは考えず、ステルスモードでのみ運用すると割り切って良いはずです。

しかも前述しましたが、F－35Bは離着陸時に九三〇度の高熱を滑走路に叩き付けます。アスファルト舗装の滑走路では運用できません。必ずコンクリート舗装にしなければなりません。各地の民間空港に分散展開するつもりならば、民間空港も舗装を改めなくてはなりません。

冷戦期には本土が攻撃される前提で何事も考えられていましたが、その後、陸海空ともに、そんな発想はきれいさっぱりなくしてしまいました。現在ふたたび中ソ対立以前と同様に南方・北方の二正面状態ですから、ボケている場合ではないはずです。

ところで、F-35Aが不要とは言っていません。そもそも行動半径の大きい飛行機は有用です。とくに偵察機としては航続力があって兵装倉の大きいAのほうが向いています。RF-4ファントム戦術偵察機は二〇二一年春に退役を完了しました。今後F-35Aがその役目を引き継いでいくでしょう。偵察機にステルス性は不可欠です。

また、新しい長距離空対空ミサイルを開発する必要があるでしょうが、対弾道ミサイル対処(BMD)のブースト・フェイズ迎撃(ミサイルを発射してから宇宙に出るまでの間に撃破すること)にも使えるのではないでしょうか。もちろん、打ち上げられた直後のミサイルがどこの国を狙っているかはわからないので、集団的自衛権に関する法解釈問題をもう一歩進めないと無理ですが。

要は何に重点を置くかという相対的な問題であって、それに応じた型式ミックスを考えましょうという話です。

戦闘機を毎年一二機購入しなければジリ貧

F-35よりも新しい次期ステルス戦闘機(第5次F-X。仮称「F-3」)の開発が進行中です。イギリス・イタリアとの共同開発に決まりました。しかし完成はいつになるかわかりません。

F‐35はF‐4およびF‐15の近代化未改修機の後継機で、F‐3はF‐15の近代化改修機とF‐2の後継機だという説がまことしやかに流れています。しかし戦闘機の開発は予定より十年ぐらい遅れることはよくある。現用機の引退スケジュールと新型機の導入スケジュールの間に、機種の対応でつじつまを合わせてはいけません。

そして、戦闘機の寿命を三〇年として、かりに三五〇機体制を構築しようとしたら、単純計算で毎年一二機は買い続けないとジリ貧になってしまいます。なお「毎年一二機」は、今以上、弱体化させないための下限であって、増強しようと思ったら、それより多く購入しなければなりません。

すでに安倍内閣が重装備を減らしていった話をしましたが、戦闘機も三〇〇機体制に減らされました。しかし、少なくとも各飛行場が定数二〇機の飛行隊を二個保有するべきです。その基準で考えると、三五〇機＋偵察機二〇機だった51大綱（昭和五一年に出された防衛計画の大綱）くらいの数にまでは戻したほうがいいでしょう。

安倍内閣時代、防衛費は基本的に微増していたはずですが、そんなに装備を減らして、いったい何に使ったかというと対弾道ミサイル防衛です。もちろん、北朝鮮の弾道ミサイルに対抗するという理由付けでの対ミサイル防衛で、敵を攻撃するミサイルではありません。

パイロットは戦闘機の一・二倍以上がふつう　訓練時間を増やそう

戦闘機は、早期警戒機のように近い将来に無人化できないでしょうから、パイロットが必要です。そして、パイロット一人を養成するのに数億円の費用と数年の養成期間が必要です。

もっとも先程の「一年に一二機F-35を購入」は減らさないための数、つまり買い替えであって、予定通り購入するなら、これで戦闘機の総数が著しく増えるわけではありませんので、パイロットの養成に関しては、飛行機を大幅に買い増すのでなければ今のペースでも間にあうでしょう。

戦闘機数に対してパイロットの人数は一・二倍ぐらいが普通です。

ちなみに、冷戦期のイギリス軍は、本国部隊は一・二倍程度でしたが、西ドイツ駐留部隊は一・五倍と少し多めにしていました。

また、フォークランド紛争時のアルゼンチン軍は空軍の志願者が非常に多かったため、戦闘機一機あたりパイロットが三人もいました。そのため飛行機が撃墜されパイロットが戦死しても、新たに飛行機を、といっても中古機ですが、外国から買い集めることによって、たちまち空軍力が回復したのです。

イギリスの大英戦争博物館（Imperial War Museum）に行くと「フォークランド戦争勝利バンザイ！」とあるのですが、海事博物館（Maritime Museum）に行くと「あれは薄氷の勝利だった」と、まったく違う見方をしています。「アルゼンチン軍の爆弾の信管の調整が悪かったからイギリスが勝ったのであって、もし信管が適切に調整されていたらイギリス海軍は壊滅し、イギリスは戦争に負けていた」と書いてありました。海事博物館のほうが正確だと思います。

話を日本に戻します。パイロットは実務についてからも訓練が必要です。ところが、航空自衛隊パイロットの訓練時間が減っています。年間一六〇時間はほしいのに、一時は一四〇時間を切っていました。

『ミリタリー・バランス』二〇一八年版で少し見てみましょう。以後の版には書いてありませんから。

イギリス：二一〇時間、フランス、オランダ、ノルウェー、スペイン、インド、台湾：一八〇時間、オーストラリア：一七五時間、アメリカ：一六〇時間、日本：一五〇時間、ドイツ：一四〇時間、中国：一〇〇—一五〇時間、タイ：一〇〇時間、ロシア：八〇時間以上、マレーシア：六〇時間、ウクライナ：四〇時間。ところで北朝鮮空軍は二〇時間ですが、ほとんどが特攻機です。

訓練時間を増やすほか、アメリカとかオーストラリアとかカナダで飛行訓練の機会を与えるべきでしょう。予算さえ増やせばできることです。

E-2C（航空自衛隊HP）

「ドローン」？

「ドローン」というと一般に小型のものがイメージされているようですが、実は無人航空機の総称です。大きさは関係ありません。引退した戦闘機を無人標的機に改造したものもドローンです。それどころか無人潜水艇もドローンと呼ばれています。近い将来、操作員がアバターになって乗り込んでリアルに操縦するようなドローンが普及するでしょう。

また、早期警戒機（例えばE－2Dホークアイ）などは、将来的には無人化（＝ドローン化）されるのではないでしょうか。早期警戒機は特徴的なレーダーアンテナを背負った機体ですが、このレーダーで四方を監視できればよく、複雑な空戦機動をするわけではありません。地上や艦上から無人機を操作し、無人機から送られてきたデータを地上や艦上で処理する。それで間に合います。

　ドローンについては第一章でも触れましたので、そちらも参照してください。

固定式の警戒管制レーダーについて考える

　日本には現在、全国二八箇所に加えて硫黄島に訓練支援用のレーダーがひとつ、合計二九の固定式警戒管制レーダーがあります。残念ながら近代化が遅れています。一年に一基を換装するかしないかなので、慢性的に過半数が時代遅れ状態です。家電でも同じ電気機器を三〇年も使いません。しかも襟裳と串本のレーダーは一九六〇年代に買った米国製で、三次元レーダー（距離・方位と高度が同時に分かるレーダー）ではないのです。

　固定式レーダーは配置場所がわかっていて、空中線（アンテナ）は空中を見張るよう目立つところにあるので脆弱です。空襲で壊さなくても、国内に入り込んだ特殊部隊が携行式無反動砲などを撃てば、アンテナは簡単に壊せます。

　また、稚内や根室のレーダーアンテナは、３００㎜多連装ロケット砲で対岸から潰せます。このロケット砲車「スメルチ」は二〇二二年九月三日の「対日戦争戦勝記念日」に国後島で展示されています。

　なお、ヨーロッパには敵機が迫ってくるとアンテナを地下サイロに引き込められるタイプがある。固定式にこだわるなら、そのような対策も考えるべきでしょう。

図表3-1 警戒管制レーダーの配置図

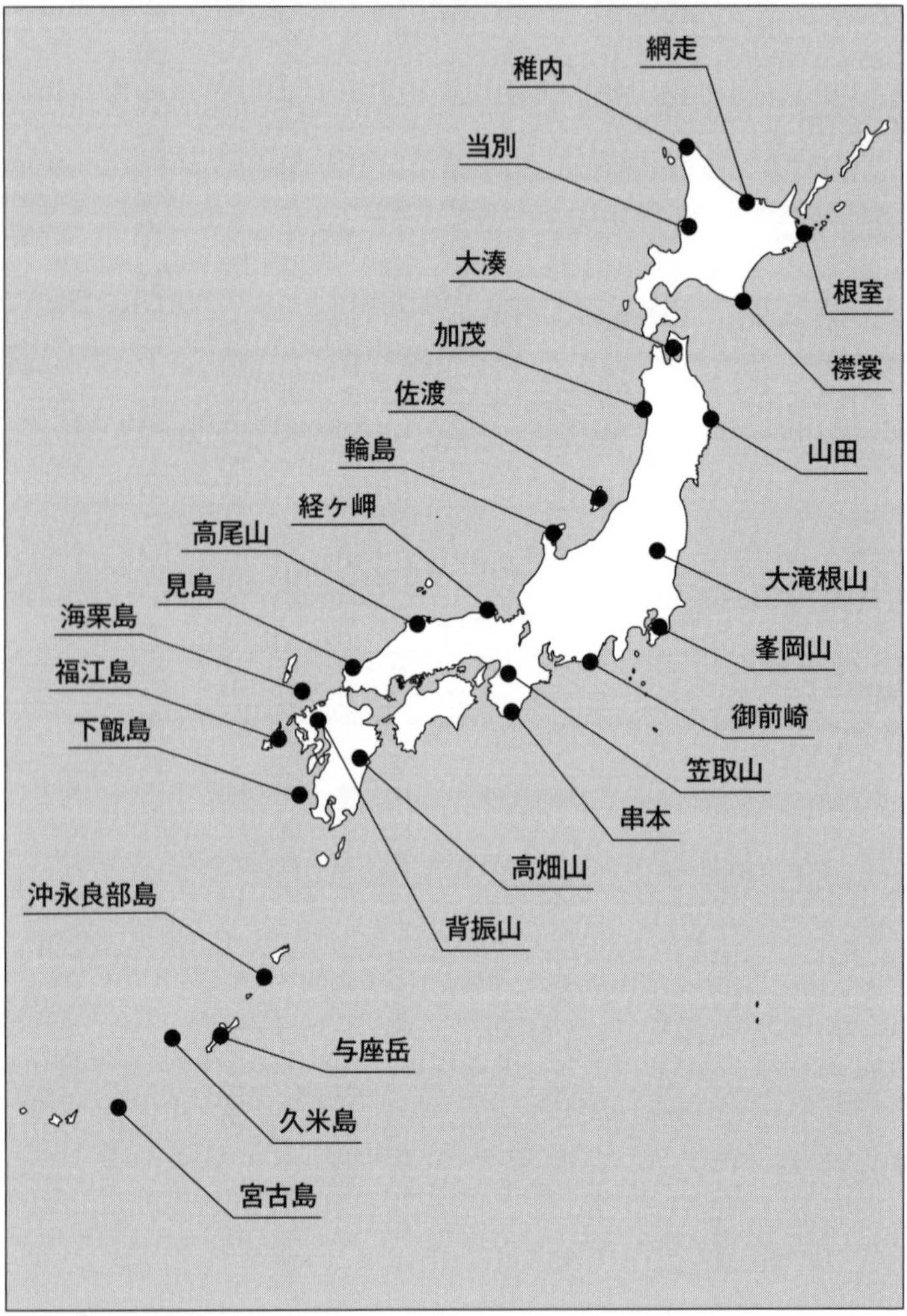

出所：防衛省・自衛隊HP

そこで、固定式レーダーの役割をどう考えるかが問題です。現行レーダーは警戒（感知）するだけで、地対空ミサイルを誘導する機能がありません。今後は固定式レーダーにもどんどんそういう機能をつけていくほうに進むと考えられます。艦載レーダーを応用するなら自然な話です。昨今の艦載のレーダーの発展はめざましい。したがって、今後の固定式レーダーは、その構成要素を活用して開発すれば間に合うのではないでしょうか。

警戒管制とミサイル誘導の両方の機能を備えた艦載レーダーの陸上転用としては、イージス・アショア※の騒動を思い出すべきでしょう。イージス・アショアは二〇二〇年六月に河野太郎防衛相（当時）が導入計画を停止したことでニュースになり、軍事に興味のない人の間でも名前だけは有名になりました。

※イージス・アショア（Aegis ashore）　アメリカが開発したレーダーと中～長距離艦対空ミサイルを組み合わせた防空システムをイージスシステムという。同システムを搭載した艦艇がイージス艦であり、地上に設置した防空施設がイージス・アショア。

しかしそもそも無理のある話でした。一番妙だったのは、ミサイルの発射台とレーダーアンテナを同じ場所に置こうとしたことです。レーダーアンテナは見晴らしのよい山の高いところに置いたほうが具合がいい。逆にミサイル発射台はトラックが出入りしやすい平地に据え付けるほうが都合がいい。無理に一カ所にまとめようとしたから、用地選定などで混乱が起こったのでしょう。

それから私には不可解だったのは、弾道ミサイル対処専用とされていたことです。もともとイージス・システムは、航空機や巡航ミサイル対処用として開発され、それが弾道ミサイル対処もできるように改良されていったものです。なぜ、対航空機／巡航ミサイル用のミサイル運用を排除するように制度設計されたのか。

ところで問題となった配備予定地について述べます。新屋演習場（秋田県秋田市新屋）の場合、近くの男鹿半島・加茂分屯基地（航空自衛隊）のレーダーサイト（軍事用レーダーの地上固定局）にJ／FPS-3があります。このJ／FPS-3をイージスシステムのレーダーに取り替えて、ミサイル発射台は平地の適当な場所に置けばよかっただけの話なのです。しかし、それをなぜかアンテナと発射台をまとめて沿岸の標高が低くて津波にも襲われやすいところ、しかも市街地に近いところに置こうという無茶な計画を立てたのでした。それにしても、秋田港口の風力発電システムとの電波干渉の心配はなかったのでしょうか。

「J／FPS—3」遠距離用空中線装置（ウィキベディア）

もう一つの立地候補地は、むつみ演習場（山口県萩市大字高佐上）でした。ここから与那国島西部までは約一四〇〇キロメートルもあります。それよりは、今飛行場を整備中の馬毛島にでも配置すれば良かったのです。馬毛島から与那国島西部までは約一〇五〇キロメートルです。新屋演習場から択捉海峡（択捉島とウルップ島の間）までが約九九〇キロメートルですから、それよりやや長いくらいです。あるいは既存のレーダーサイトを利用するなら高畑山（宮崎県）のレーダーを換装すれば良かったのでしょうか。

そもそも海上自衛隊はイージスにも使える共同交戦システムを導入しつつあり、たとえば日本海と太平洋に艦艇がいて、日本海にいる艦艇がミサイルを打ち尽くしたら、誘導に徹して、太平洋からミサイルを発射してもらうようなことも、すでにできるのです。ミサイル発射台とレーダーが同じところに配備されていなければいけない理屈はどこにもありません。最近は連携交戦のシステム化が進んでいますから、ミサイル発射台は青森県の三沢や八戸、大湊に置き、そこから誘導してもいいのです。だから、一カ所にまとめなければならないという思い込みがどこからくるのか、正直なところ、いまだによくわかりません。

しいて推測するならば、イージス・アショア一つのシステムを警備するのに何人の警備要員が必要だとの米軍の計算に、人数不足に苦しんでいる海上自衛隊や航空自衛隊が怖じ気づいて、陸上自衛隊に計画を投げたのではないか、そこから話がややこしくなったのではないかというところです。

現在、レーダーのうち、たとえば警戒管制レーダー装置J／FPS-3型は全国に七カ所、新しいJ／FPS-7は六カ所ありますが、近距離用空中線装置と遠距離用空中線装置、二タイプのレーダーアンテナを持っています。今後、そのうち遠距離用空中線装置をイージスシステム用に換装するか、類似の性能に改良するか、とにかく対空・対弾道弾迎撃ミサイル誘導機能を付与することを考えてはどうでしょうか。

いずれにしてもミサイル発射台は飛行場や港湾などがある基地に置き、レーダーそのものは、現行レーダーサイトを換装していく形にするのが、最も合理的であると思います。それから、馬毛島に配備することは検討できるでしょう。

防御の確率

固定式レーダーは居場所がわかっているから脆弱だと書きましたが、その一方で、探知距離の大きい大型レーダーアンテナを使えます。また、防空ミサイル誘導機能を付加した場合、即応能力は非常に優れたものになります。それは、敵の緒戦での攻撃の効果を確実に減殺できるということです。つまり、攻撃を開始する決心を難しくします。

よくミサイル防衛（MD）の効果は「一〇〇％ではないので無意味だ」と言う人がいますが、少し考えてみましょう。これからお見せする計算は、弾道ミサイル対処でも巡航ミサイル対処でも同じことです。ともあれ攻撃側は、攻撃する以上、目標に最低一発は命中させなければいけないと考えます。ここでは有効数字を無視して単純計算でお示しします。

まず試みに、防御側による撃墜率が二〇%だと仮定してみましょう。敵が二発撃ってきたと考えると、二発とも撃墜できる確率は二〇%の二〇%だから四%です。二発とも撃墜できない確率は八〇%の八〇%だから六四%です。一発だけ撃墜できる確率は三二%です。つまり二発撃てば攻撃成功率は九六%になります。防御側の撃墜率が二〇%以下なら、事実上、一つの目標に対して二発撃てば間に合うという計算になることがわかるでしょう。

次に、防御側による撃墜率が五〇%だと仮定してみましょう。敵が二発撃ってきたと考えると、二発とも撃墜できる確率は二五%です。二発とも撃墜できない確率も二五%です。一発だけ撃墜できる確率は五〇%です。つまり二発撃っても攻撃成功率は七五%にしかなりません。これでは不安です。三発撃った場合はどうなるでしょう。一発も命中しない確率が一二・五%ですから成功率は八七・五%です。これで満足できないなら四発撃って成功率を九三・七五%にしなくてはなりません。つまり、撃墜成功率がわずか五〇%でも、敵は二倍以上のミサイルを準備しなくては開戦を決断できなくなるのです。

さらに、防御側による撃墜率が七〇%だと仮定してみましょう。二発だけ撃った場合、最低一発が当たる確率は五一%です。三発撃って最低一発が当たる確率は六五・七%です。四発撃って最低一発が当たる確率は七五・九九%です。五発撃って最低一発が当たる確率は八三・一九三%です。六発撃って最低一発が当たる確率は八八・二三五一%です。やっと七発撃っても

救難機UH-60J（海上自衛隊HP）

最低一発が命中する確率は九一・七六四五七％です。

どうでしょうか。撃墜確率が七〇％を超えた場合、攻撃側は相当多数のミサイルを同時に発射しなくてはいけないことになります。もちろん飽和攻撃によって防御網を麻痺させるという考えはありますが、それにしても開戦の決断はなかなか困難になります。

このようなわけで、緒戦での総攻撃を減殺する能力というものは、敵による開戦の決断にブレーキをかけます。これに移動式システムなどによる抗堪性向上を組み合わせれば有効な抑止力になるということです。

「一〇〇％ではないから無意味だ」という議論の間違いがおわかりになったかと思います。

硫黄島の救難体制と警備態勢

細かい話で恐縮なのですが、硫黄島に訓練支援名目でレーダーがあるので、ついでに同島の救難ヘリについて書きます。

現在、海上自衛隊のＵＨ－60Ｊ救難ヘリが二機配置されています。しかし海上自衛隊では同型機はもうすぐ引退します。恐らく航空自衛隊に引き継ぐのではないでしょうか。このような離島では他の基地からの応援を簡単には送れません。二機では不足で三～四機必要でしょう。

それに加えて、海上自衛隊のＰ－３ＣかＰ－１が訓練がてら常時二機立ち寄るようにすれば、警備でも救難でも有用です。固定翼機の常駐部隊を編成する必要はありません。

3-4 難しい民間との協力体制

人員輸送機には民間機を活用できるか

戦闘機や爆撃機は純粋な軍用機です。また軍用輸送機は貨物の輸送に特化しています。しかし人員輸送などには民間航空機が活用できます。

海軍力の説明で、海軍所属の揚陸艦艇は橋頭堡を築くまでは主役だけれども、以後は民間船舶が軍事輸送の主力になると書きました。同じように、空軍の輸送機も設備の不十分な飛行場を確保し、荷役設備や所要の車両類を持ち込むまでが大舞台で、以後の大量輸送の主役は徴用または強制的なチャーターをした民間機です。

実際に、諸外国には民間機を強制的に徴用ないしチャーターする制度というのがあります。また、有事の航空交通を統制する制度も。アメリカでは、外地における有事の民間航空機の運航統制についてＥＳＣＡＴ（Emergency Security Control of Air Traffic：緊急時航空保全管制）計画があります。さらに北米大陸（アメリカ本土およびカナダ）有事には直ちにＳＣＡＴＡＮＡ（スキャタナ：Security Control of Air Traffic and Air Navigation Aids：航空保全管制及び航法援助統制：一九三四年通信法を改正して成立した一九五八年航空法を根拠法とする）計画が発動されることになっています。そして、ＣＲＡＦ（Civil Reserve Air Fleet：民間予備航空隊）という、民間機を乗員込みで強制的にチャーターまたはウェットリース※する制度があります。アメリカの主要なエアラインはすべて加入しています。その乗員は軍属の扱いになって、秘密厳守義務も軍人に準じたものとなります。

※チャーターでは燃料代を運行会社が払い、リースでは借り主が払う。さらにリースには二タイプあり、乗員を含めた方式をウェットリース、機材だけの方式をドライリースという。

もしも本当に憲法改正により「再軍備」をするつもりなら、日本でも民間機を強制的にチャーターまたはウェットリースできる体制を構築するのが筋です。しかし、今の日本の民間航空や国交省官僚のあり方を見ると、あまりにも非現実的だと思います。

そこで、直近にできることとして私が考えているのは、民間航空のボーイング767の確保です。早期警戒管制機Ｅ-767や空中給油機ＫＣ-767及びＫＣ-46はボーイング767の派生型で、767なら自衛隊も使い慣れています。

二〇二二年現在、最も有望な候補機材は全日空ＪＡ619Ａ～ＪＡ627Ａ（2010年9月1日～2012年3月23日就役）です。全日空が不要になったら日本政府が買い取って自衛隊に移管する。その上で、政府専用機に劣らないだけの航続力をつけるなど必要な改装を施すわけです。内閣府の予算で、そういう形の受け渡しをすることならできるでしょう。残念ながら初号機（ＪＡ６１９Ａ）と二号機（ＪＡ６２０Ａ）は二〇二二年一一月と一二月に引退して米国に行ってしまいましたが、早速買い戻したら良いと思います。

客席数は減らすことになるでしょう。座席数の目安があります。一九八〇年代半ば、アメリカでは、旅客機の乗客一人の平均重量を八二キログラムと計算していました。それに対して「個人用装備及び小隊用の武器を持った兵員」の場合は一人平均一三六キログラムと計算していました（『ミリタリー・バランス』一九八五―一九八六、邦訳四一〇頁、四一三頁）。そうなると客席はほとんどモノクラス（座席種別が一種だけ）になるでしょう。

その他、少し細かいですが、そのために留意すべき措置を箇条書きにします。

- 床下貨物室に燃料槽を追加する。
- 内装を改装する。内装については外務省とも相談する（恐らく要人輸送用にファーストクラス四席設置）。
- 患者輸送のための簡易な内装改装キットを開発する。
- 操縦要員として、自衛隊内の四〇歳以上の操縦士から転換教育を行う他、民航に転職した元自衛隊操縦士（海上自衛隊出身も含む）の自衛隊復帰も募る。
- 客室乗務員には、医官や看護師資格を有する者や英語以外の外国語に堪能な者などを、陸海空三自衛隊から集める。

作戦用航空機ではないので民間空港に配備しても良いでしょう。滑走路長二五〇〇メートル以上の空港から誘致を募ることができます。

福岡空港を国内線専用に！

福岡県には福岡空港と北九州空港、二つの空港があります。

北九州空港は二〇〇六年以降、海上空港として生まれ変わりましたが、滑走路が二五〇〇メートルしかありません。少し手を加えれば三〇〇〇メートル、海上空港なのですから奮発すれば三五〇〇メートルにもなるのですが、なぜか伸ばそうとしない。

滑走路の長さによって就航可能な飛行機の限界が決まります。そして、三五〇〇メートルあれば、ロンドン便やワシントン便などの長距離国際線を扱えるようになります。しかし、現行の二五〇〇メートルではボーイング777―200（オランダ便）を飛ばすのがやっとです。

内陸にある福岡空港はというと、現在の滑走路が二八〇〇メートルであるのに対して、新たに建設中の滑走路が二五〇〇メートルです。北九州空港を新しく建設するなら、最初から三五〇〇メートルの滑走路を敷けばよかったのです。しかも、北九州空港は海上空港で二四時間運行できるのが売りです。九州の長距離便の拠点として整備すればいいものを、怪しげな勢力などが絡んで、できなかったようです。

福岡空港は米軍や自衛隊も共用しています。本当は軍民共用にしないほうがいいのですが、日本には共用飛行場が多く、それは福岡だけの問題ではありません。

ただ、空港が二つあるのなら、せめて北九州空港が国際線を一手に引き受け、福岡空港を国内専用にする形がベストです。そのためには鉄道を充実させるなど、インフラの問題もあります。しかし、政府・軍・航空会社が密接につながっている国は多く、国際線を入れるということは外国のスパイを入れるのと同じことなのです。自衛隊機や米軍機の出入りする空港に外国のスパイが出入り自由では、好ましくないわけです。

第4章

陸・海・空、共通の問題

4-1 施設の拡張と基地の防備

ここまで陸・海・空軍それぞれのあるべき姿について見てきました。本章では、三者に共通する問題を取り上げます。

普通ならば、陸海空の共通項目といえば真っ先に来るのは人材に関する項目でしょう。しかし本書では後回しにします。まず土地の問題を扱います。それは、戦後の日本では、人材を作る以上に用地を確保するほうが、時間を要するからです。

試みに、一つの飛行場を作ることを考えてみましょう。幹部自衛官が任官してから退役するまで三〇年ほどでしょうか。しかし、たとえば普天間基地の移転問題は、検討作業が始まってから供用開始までにもっと時間を要するわけです。

施設用地を大々的に買収する

土地の買収に尽力しなくてはなりません。

十分な防御縦深を確保するためには港湾基地・飛行基地の敷地を拡張しなければならないのです。とくに飛行場のある基地の場合、少なくとも滑走路、誘導路、過走帯から三五〇メートル以内は基地の敷地に取り込まなければいけません。港湾にしても接岸岸壁や桟橋が基準になるでしょう。最低限その程度の縦深を持った敷地でないと、潜入している不正規戦力から襲撃を受けたときに守ることができないからです。

また訓練充実のため演習場も拡張すべきです。

施設周辺の土地で売りに出されている土地があったら、遠慮なくどんどん買っていかなくてはなりません。自衛隊施設の隣接地とは限らず、基地の近隣の土地であれば、売りに出た物件は買う。

直接自衛隊が使わない用地でも、後で区画整理や移転者の引っ越し先に利用できるかも知れません。周辺の移住希望者に離れた土地に移ってもらう。そのための引っ越しや新築家屋の費用を政府が補助する。それぐらいは防衛のためには、当たり前の措置です。

防衛予算が多少増えたところで、こういうところにも費用がかかります。その際に大切なことは、公示地価にこだわってはいけないということ。必要ならもっと高い金額を払うべきだということです。

従来、日本政府は自衛隊の使用する土地の買収に際して、単純な資産価値ということで土地評価額（公示地価）より高い金額を出し渋る習性がありました。そこで、特に田舎では公示地価はたいしたことはありませんから、地権者には土地を売却するメリットがない。とくに基地や演習場付近に住んでいる人は、政府に土地を売るよりも、施設使用に関わる「迷惑料」を受け取り続けるほうが割が良いのです。また、売却するにしても、政府が提示する金額より高額を提示する民間企業に売却してしまう場合もあるでしょう。その企業に外資が入っているかも知れません。

たとえば国土交通省は、道路その他の社会資本を建設するときに、公示地価より高い金額で地権者から買収することはよくあります。けれども防衛省にはそれは認められなかったのです。例外は、米国との協約に基づいて米軍の使用する用地を取得するときだけでした。ですから現状では、防衛省が取得を望んでいる土地でも、民間企業がより高い金額を提示すれば、そちらが買収することになる。その企業が防諜上の危険が危惧される企業であってもそうなります。

地権者に十分な補償を

土地の買収の件もそうですが、重要土地等調査法（二〇二二年九月二〇日全面施行）もまた、はじめから骨抜きにされることが予定されている法律です。これは、安全保障上重要な土地の利用を調査して規制することができるとする法律です。自衛隊や海上保安庁の施設、原子力発電所などの周辺約一キロメートルを「注視区域」とし、自衛隊の司令部などさらに重要な施設周辺を「特別注視区域」に指定します。施設の機能を妨げる「阻害行為」が認められれば中止勧告や命令を出し、命令に従わない場合の刑事罰も規定しています。

しかし、土地の売買規制は盛り込んでいません。ですから実効性には疑問符が付きます。法律を実効的にするためには民間人の私権が制約できるようにしなくてはなりません。他者への売却を企図している地権者に対して、政府に売却することを強制できるようにすることも必要です。

しかし私権制限のためには、相応の金額を支払わなくてはなりません。先に述べた土地買収の場合と同様、地価公示ギリギリでは地権者が納得しない場合が多いでしょう。国家の安全保障に係わる施策を、私人の努力や我慢に委ねて公費を倹約するという制度そのものが間違っているのです。

基地の建物を防御構造にする

防衛関連施設とくに基地や補給処・補給処支処の建物を防御構造にしなくてはなりません。運用もさることながら、ハード的にも建物の構造を見直すべきです。

言うまでもなく指揮統制中枢など重要部分は地下化すべきです。建物一階の要所要所は特火点(トーチカ)として使えるよう強化し、また地下壕等の掩体区画を設け、地下道でつなげ、複数の脱出口を設けなくてはいけません。地下だけではなく、建物の一階でも外壁に面していなくて窓のない区画であれば掩体は作れます。防御区画は必ずトイレ等の水場を含んでいなくてはなりません。

それ以外の施設でも、一カ所を攻撃されても他の部分は生き残れるよう、軍艦のように多くの隔壁を設けて区画防御するなどの措置が必要です。そして、監視カメラと一体化した機関銃なども必要になるでしょう。

屋上の多くをヘリ発着場にするのはもちろん、建物には大きなエレベーターを備え、移動警戒隊や地対空ミサイル部隊のレーダー、地対空機関砲や短射程ＳＡＭシステムなどを屋上に配置できるようにすることも考えられるでしょう。アフガニスタンでアメリカ軍のＣＩＷＳ地上転用型は有用だったそうです。余談ですが、維持管理のために内陸地に連れ出された水兵さんは気の毒でした。

ところで、アメリカ国防総省本部ビルの通称は〝ペンタゴン〟です。日本語に訳せば「五稜郭」です。近世の要塞建築と同様に警備・防備しやすい形に作ってあるわけです。しかも五階建て。一説には、電力供給が途絶えた時に文官官僚でも階段を無理なく駆け上がれるのは五階建てが上限だからだそうです。防衛省に限らず安全保障や防災に係わるところの建物の建設計画を立てるときには頭に入れておくべきことです。

かつての上海海軍特別陸戦隊本部ビルは鉄筋コンクリート四階建てで要塞構造になっていました。今の地下鉄三号線の虹口足球場駅と東宝興路駅の中間くらいの場所です。

燃料タンクの地下化と分散化は必須

一九八七年七月一日、北海道の千歳基地に落雷があり、半地下式の燃料タンクが爆発・炎上しました。この場合は自然現象がきっかけでしたが、簡単にすべての燃料が失われてしまうのでは困ります。

自衛隊の基地では、燃料タンクはおおむね地下化されていますが、必ずしも分散していません。すべての基地で燃料タンクを半地下ではなく完全に地下化し分散化しておくべきです。

とくに民間との共用施設は、将来的には施設を新設して共用を止めるべきですが、新飛行場建設までには時間を要するので、民間施設の分も燃料タンクは地下防御施設化したほうがいい。

射撃訓練場を基地内に必ず備える

隊員は、警備専任でなくとも時々射撃訓練をしなくてはなりません。現在は全国的に射場が不足で、訓練のため遠くへ行かなくてはなりません。日程調整は難しく、結局、訓練は滅多にしないという悪循環に陥っています。

その訓練のために、すべての港湾基地や航空基地の施設には訓練射場が必要です。近くに港湾基地や飛行基地がない場合は、陸の駐屯地にも必要だし、市ヶ谷の防衛省本庁にも必要です。もちろん、小銃・軽機関銃用に三〇〇メートルの射距離が確保でき、銃弾が外に出ないように覆いのある射場（トンネル射場）です。射場を基地の外周部に建設すれば、防御施設の一部としても機能し、また外部からの観察を避けるための目隠しにもなります。

基地に砕石・砂利・砂などを備蓄する

各基地は、平時から防衛を考えた永久築城として整備されていなくてはなりません。しかしそれだけでは不十分です。恒常的な施設は敵もあらかじめ調べることができます。そのため、いざというときは、さらに陣地を臨時に増築（野戦築城）しなければいけません。

このためには必要な砕石や砂利や砂は大量に備蓄しておくことが必要です。平時であっても、建設工事のときに、平素から水抜きした石や砂が貯め置かれていないと、鉄筋コンクリートの質が落ちてしまいます。急に業者に注文した場合、塩抜きが不十分な恐れがあります。しかし砂利や砂を大量に備蓄しておけば、備蓄期間に塩抜きされるので工事後の施設の強度が保たれます。

海自も空自も基地施設、たとえば滑走路の補修、建築物の防御力強化などに、砕石と砂利と砂は絶対に必要ですが、現状では、そんな備蓄はありません。

海・空自衛隊の基地防備部隊を充実させる

海上自衛隊の基地には警備防備のための警衛隊があります。また航空自衛隊でも基地の管理隊に警備小隊がおかれています。しかし過小です。海上自衛隊・航空自衛隊の港湾や飛行場基地の警備・防備にあたる部隊を充実させる必要があります。フィンランドでは各飛行場の基地防衛隊は平時には六個中隊に増強されます。

日本でも飛行場や港湾の場合、平時編制でも軽歩兵一個中隊くらいは必要でしょう。もちろん装甲車（たとえば96式装輪装甲車）二〇両くらい必要です。それから、予備自衛官により増強できるようにするわけです。

海・空自衛隊の基地防備における陸自の役割はどうなっているのか

港湾や飛行場の警備・防備における、当該基地所在の海空自衛隊と、陸上自衛隊との、役割分担が決まっていません。現在の陸上自衛隊には港湾防衛や飛行場防衛のための部隊はありません。海上自衛隊は有事の際には陸上自衛隊に頼るつもりでいるようですが、そのくせ海上自衛隊の基地内に陸上自衛隊が防備につくための宿泊施設や弾薬集積所や駐車場などが準備されているわけでもありません。

共用空港の民間区画の警備体制を見直す

二〇二二年七月八日、安倍元首相が暗殺され、警備体制の杜撰さが国内外の耳目を驚かせています。「元首相」の警護ですらあの始末です。有事を考えた警備が行われている場所はほとんどありません。

たとえば羽田空港には数々の不法闖入事件（？）があります。道に迷った高校生や認知症の老人が入り込んだり、はたまた自殺願望の女性がフェンスを越えて敷地内に侵入したり、九・一一アメリカ同時多発テロ以後に私が気づいた報道だけでも一二件あります（拙稿「自壊する空港テロ対策――国土交通省に潜む反徒の影」『Ｖｏｉｃｅ』二〇一五年六月号）。どれも他愛無い素人の起こした事件ですが、意図せずに迷い込んでしまえるぐらい空港の警備は甘い。つまり、破壊的意図を持った工作員なら苦もなく入り込めるということです。

自衛隊と民間が共用にしている空港の民間区画の警備は、防衛上のセキュリティー・ホールになっているに違いありません。港湾や空港・飛行場のような重要施設は、しっかり防御について考えなければいけません。第三章で触れたように軍民共用空港そのものが本来あってはならないものです。しかし一朝一夕に解消できないのであれば、共用空港の民間区画について、軍事施設としておかしくないよう警備体制を見直すべきです。

民間区画で従業員を雇用する場合には予備自衛官を優先するということも考えられるでしょう。

自衛隊病院の廃止が進んでいる

繰り返しますが、軍事に民間と同じような収益性を求めてはいけません。しかし、その収益性を口実に、二〇二二年三月、全国に一六カ所あった自衛隊病院のうち六病院が廃止されました。

自衛隊病院とは感染症対策や、戦傷による外傷、NBC兵器（核・生物・化学兵器）攻撃による負傷者の診察や治療など、特別な治療ができる病院です。実際に一九九五年に起きた地下鉄サリン事件で、症状をサリン中毒と判断し、治療法を助言したのは自衛隊の医官でした。今も新型コロナ感染症患者の受け入れを行っています。自衛隊病院は大勢の死傷者が出た場合や通常の病院医療では対応できないようなケースに対処する機関であって、有事には絶対に必要な機関です。

つまり、有事に備えた運用をする機関なので、普段の稼働率が低いのは当然です。それを「効率が悪い」として財務省の締めつけにあい、廃止を余儀なくされてしまったのです（小笠原理恵「『日本の有事』の医療を支える自衛隊病院が、相次ぎ閉鎖される深刻な理由」ダイヤモンド・オンライン https://diamond.jp/articles/-/300503）。

今の状況では自衛隊病院は有事があったときに戦傷した自衛隊員を収容しきれません。

負傷者を減らすためにできる簡単な対策

医療に関連したことですが、自衛官・民間人を問わず傷病者の治療だけではなく予防措置も重要です。それは破傷風などのワクチン接種のような医療資格がないとできない話だけではありません。

空襲や砲爆撃があれば、衝撃波が発生します。これが耳を害することのないようにする耳栓が必要です。それも、民間人にも広範に支給しなくてはなりません。

泥や砂による汚れや、コンクリート等の小破片が飛び回り撒き散らされます。これで目を痛める人が多く、眼科医の負担になります。ゴーグルが必要です。民間人に支給する分は、水泳用の製品や眼鏡まで覆う花粉症対策ゴーグルでじゅうぶん役立ちます。フェイズ・フリー製品と言えます。

そして、市街戦闘や、破壊された街での救出・消火作業などでは、従事する人は登ったり下りたり高低差の大きい動作をします。飛び降りることもあります。脚や足を痛めないよう、落下傘部隊が使っているのと同じような靴が必要になります。

米軍は外征軍　模倣できる点とできない点がある

アメリカ軍はそもそも外征軍で、自国の国土防衛より、相手国に攻め入るような制度設計をしています。状況が有利なら進む、不利ならさっさと逃げる。再度、攻め入る前には、準備万端ととのえた上で巻き返し作戦に出る。これがアメリカ軍の基本的な考え方です。つまり原則として、勝ち戦しかしません。

それに対して、日本が戦わなくてはいけない状況とは、自国の防衛です。国土が大規模に害される、アメリカ軍が逃げ出すような不利な状況を前提に考えなければいけません。アメリカは有利な状況でしか戦争をしないので、最新機器だけを持っていればいい。しかし、新しく高度な装置ほど、不利な状況では麻痺してしまう場合が多いものです。そのため日本では、最新鋭の機材・連絡手段が麻痺した場合にも作戦遂行できるような方策も策定しておかなければなりません。

たとえば、リンク16（137頁参照）では細かいところまで制御できるのですが、それより古いリンク11も維持する。また、いわゆるクラウドに依存しているとクラウドが使えなくなったときに麻痺してしまうので、それぞれの戦闘ユニットがクラウドなしに戦える容量のコンピュータを備えたシステムにする。機器での通信ができない状況では、最悪の場合は手旗信号や狼煙《のろし》で合図する。そんな先祖返りしたような戦い方も考慮に入れておくべきです。

また、アメリカ陸軍は、特に冷戦後は絶対的制空権下で戦うことを大前提にしてしまったので、対C4ISR戦闘や対砲兵戦闘は主に軍団砲兵や空軍が担当するようになりました。ですから師団や旅団の砲兵にはそのような役割をあまり期待しません。最前線で戦う歩兵や戦車に火力で直接支援（direct support）することが主任務です。

しかし日本が戦わざるを得なくなるような状況とは不利な状況に決まっています。NATO軍の冷戦末期の考え方こそ範とすべきです。つまり師団だけではなく独立混成旅団の砲兵にも対C4ISR戦闘や対砲兵戦闘の能力がなかったら話になりません。つまり大砲二四門は最低限必要でしょう。

通信の周波数割り当て

第三章で、民間空港どころか共用空港ですら有事の準備ができないことを、特定公共施設利用法に関連付けて述べました。特定公共施設利用法の指す公共施設とは、空港や港湾、道路などだけではありません。総務省が所掌している電波周波数の割り当て問題もあります。データリンクは周波数割り当てがなくては導入できません。

日本も参加している「国際電気通信連合憲章」条約は「構成国は、軍用無線設備について、完全な自由を保有する（Member States retain their entire freedom with regard to military radio installations.）」としています（第四八条第一項）。したがって米軍には他省庁や民間に先駆けて割り当てられています。しかし、自衛隊に優先権を認めようとしないのです。

中国が野心を隠していない南西諸島の離島部においてすら、総務省は自衛隊による電波妨害訓練を「混信を起こし、周辺で携帯電話が使えなくなる可能性がある」として、長年承認していません。のみならず、第五世代の通信規格（5G）導入を見込んで、軍用に多用されているマイクロ波（SHF）の周波数割当に際しても、民需優先の方針を見直す考えはありません（半沢尚久「離島の電子戦訓練できず」『産経新聞』二〇一九年三月二七日）。

武力攻撃事態が勃発した後で周波数帯が割り当てられても、民間に普及したその周波数帯を使う通信機器は回収できませんし、自衛隊に新型通信システムを急速に配備することができるわけでもありません。

総務省と戦う気概もないのに「アメリカでは」と出羽守論を講じる自衛官は、現実逃避しているだけです。

4-2 教育

上官が死傷した際に備えられる教育訓練

第一次大戦後のドイツでは、ゼークト将軍らが将来ベルサイユ条約に基づく軍備制限が撤廃された後に備えた軍事教育体制を設計しました。各員に、一つ上の職位の者にとって代われるだけの教育をほどこしたのです。分隊長は小隊長の仕事が、中隊長は大隊長の仕事が、大隊長は連隊長の仕事ができるように教育されました。このことは同時に、徴兵制を復活させれば軍隊を一挙に三倍に膨張させられるようにしたということでもありました。

そのことはまた、上官が死傷した場合にも部隊の統率が維持できることを意味します。実は初期の自衛隊でもこの「ゼークト方式」が強調されていました。国会で説明されたこともあります（木村篤太郎、衆院内閣委一九五四年一〇月二七日）。しかし予算の制約により立ち消えになってしまいました。しかし、膨張体制を別にしても、これだけの教育訓練体制は必要です。特に、有事に小隊長・中隊長クラスの幹部は多く戦死傷します。それに対応できなければ、継戦能力は確保できません。繰り返しますが、軍事組織には自己再生産能力が必要です。

戦闘効率を考える教育

いざ戦闘となったときに味方の損害一人につき敵を何人倒せるか。いかに味方の命を高く敵に売りつけるか。これを戦闘効率といいます。彼我交換比です。つまり一人で一人を倒せるなら「戦闘効率一〇〇％」です。二万人で四万人の敵と対等なら、二倍の戦闘効率があるということで「戦闘効率二〇〇％」です。戦闘効率という言葉は敵との比較で以上のような使い方をされますが、そのほか、白紙的に使われる場合もあります。その場合は、編制（人員と装備）がフル充足で練度も合格であると仮定した理想的な状態の自分の部隊と戦ったと仮定して、現状の自分の部隊がどれだけの効率を発揮できるかという計算をします。

今の自衛隊で、これらの戦闘効率についてどの程度の議論がなされているか知りません。少なくとも現場の部隊がこれに関してまじめに教育されているとは思えません。

朝鮮戦争の時代、日本駐留の四個師団が朝鮮半島に出払ったので、穴埋めに北海道にオクラホマ州兵第四五歩兵師団、東北にカリフォルニア州兵第四〇歩兵師団が来ていました。当初は練度も低く人員も装備も不足していたので彼らの部隊は（完全充足状態の米軍歩兵師団との比較で）戦闘効率四三％とか四五％などと叩き込まれていた。やがて朝鮮半島で戦っていた第一騎兵師団や第二四歩兵師団と交代するため戦地に向かうにあたって、これを一〇〇％に近づけるべく錬成していたのです。

自衛隊でも旧軍世代が将官クラスに大勢いた時代は認識がシビアでした。「敵戦車一両を破壊する間に、60式一〇六㎜自走無反動砲が三両やられる」「敵の戦車兵四人しとめるために我々九人が死ぬんだ」隊員はそう教育されながら錬成していました。陸だけではありません。航空自衛隊でもF－1戦闘機搭乗員は、「出撃ごとに三割が墜とされるんだぞ」と冷戦末期まで教育されていました。

一九八〇年頃までは防衛力整備にあたって、防空戦闘でなんとか戦闘効率「一〇〇％」を超えるところまで強化しなければというのが航空自衛隊の悲願でした。四〇年前には、まだ戦闘効率について考えていました。

しかし、現在の防衛論議に彼我交換比の話など失せたようです。私が関係者にそう言うと「部内では研究しています」と逃げられることがあります。しかし本来、上層部が考えるだけでなく、現場の隊員にまで教育がいきとどいていることが大事なのです。

軍事組織というものは継続的な損失を出しながら戦い続けるものです。それはウクライナの現状を見ても明らかでしょう。そして「現在の戦闘効率はこのくらいだから、その数値を向上させるためには、こんな編制が必要である」とか「その編制にはこういう装備が必要だ」という議論が続くのが本来の軍隊のありようです。

防衛大学校の改革案

幹部の認識を正すには、幹部の卵から変えていかなければなりません。

防衛大学校の卒業生は任官して幹部候補生学校に入校します。ただし、幹部になるために絶対に防衛大学出身でなければならないわけではなく、一般大学から幹部候補生学校に入校する人もいます。また曹（下士官）から試験を受けて幹部候補生学校に入校する隊員もいます。

その後もキャリアを上げていくためには多くの「学校」を経なければなりません。一般的に、佐官になる前には「幹部学校（CS／CGS）」、将官になる前には「統合幕僚学校」の課程を修了しなければなりません。他にも多くの専門教育をする学校があります。

まずは、防衛大の教育について改めたほうがいいと思う点を挙げていきます。

入学募集定員を増やす

自衛隊に限らずどんな教育機関でも、生徒や学生は、上位一割は大変に優秀、下位三割は凡庸です。いわゆる高校や大学のレベルというものは、その間の層の問題です。防衛大学校でも例外ではないでしょう。つまり、任官者を高水準を保ちたいのであれば、任官予定人数より四割くらい多くを入学させるべきです。

アメリカのウェストポイントやアナポリスでは、成績が悪くては任官できません。

成績の上位争いが全体の水準を上げるとは思いません。防衛大学校の教育の主目的が、必要最小限以上の能力を確実に修得させることだからです。しかし成績下位三割に入ってしまったら幹部候補生学校に進学することができなくなる、それくらいの卒業時選抜は必要だと思います。もちろん、任官辞退者（いわゆる任官拒否者）があることを考えれば、任官予定人数の五割増しくらいは入学させるべきでしょう。

自衛隊の専門家を育成しない

たしかに防衛大学校は自衛隊幹部を養成するための機関です。しかし、軍事というものは、諸外国との比較においてのみ成立する。将校は、グローバル・スタンダードが頭にないと務まらない職業です。自衛隊についてだけ熟知していても諸外国の軍隊や軍事制度について無関心なら幹部になる意味はありません。

とくにひどいのが陸上自衛隊です。「師団」とは何か、「旅団」とは何か、そんな話を振れば、ほぼ間違いなく自衛隊の師団や旅団の話しかしません。一万人に満たない師団の話をして怪しまないのです。それどころか諸外国の師団や旅団の話をすれば露骨に嫌な顔をします。日本の師団は規模も兵器も諸外国の旅団以下なんて言えば、被害者意識に逃避してしまいます。

それどころか、自衛隊も装備している一二〇㎜迫撃砲ＲＴについて、『ジェーン弾薬年鑑』に射程一七㎞のロケット射程延伸弾（ＲＡＰ）が載っていると話しても信じてもらえなかったり煙たがられたりする始末です。自衛隊の現有装備についてすら、自衛隊の持っていない弾薬には無関心。これは精神的に抑圧されている人間の防衛機制かとも思われます。

諸外国の軍事に無関心でも幹部自衛官が務まるということは、教育と業務の両方に問題があるということです。

ヨーロッパの兵器見本市、たとえば「ユーロサトリ」のような国際展示会に、防衛大学校の学生が二年生か三年生のとき全員を見学ツアーに連れて行くくらいのことはあっても当然でしょう。

陸海空共通の期間を増やす

現在、防大では二年進級時に陸・海・空に分かれます。しかし二年または三年まで共通の教育訓練を行い、それから分けるようにしたほうがいいでしょう。

防大について、「戦前の陸海軍に相互の人事交流がなかったために、一致団結してあたるべき戦時に相互不信からうまく協力できなかった反省から教育機関を陸海に分けず同じにした」と説明されることが多々あります。しかし、キャンパスだけ同じにしても一緒の期間が短くては相互理解が進むとは限りません。

私がある陸上自衛官に、ＬＣＡＣ（Landing Craft Air Cushion：エアクッション艇：ホバークラフト型の揚陸艇）を多めに買っておいて戦車とＬＣＡＣを石垣島に配備しておけば、尖閣諸島

LCAC（海上自衛隊HP）

の防衛に有用だろうと言ったことがあります。LCACの航続力は三五ノットなら三〇〇マイル（五五六キロメートル）あるから、島まで戦車を送り込んで往復できると言ったのです。すると、なぜそんなことを知っているかと問い糾されました。もちろん私は『ジェーン軍艦年鑑』（Jane's Fighting Ships 1999-2000, p.827）の受け売りをしただけです。輸送艦艇は海上自衛隊の装備の中でも最も陸上自衛隊に馴染みの深い艦艇のはずです。共通教育はどうなっているのでしょうか。

そもそも一般大学出身者（U）は幹部候補生学校に入校するまで陸海空別の教育なぞ受けてはいません。それでも問題なく立派な幹部になっています。防衛大学校が早いうちに陸海空を分ける必然性はありません。

志望を問わず、地上部隊の歩兵（普通科）と兵站の小隊長になるための訓練を必修とする

海自・空自でも基地防衛や野戦展開時の警備などで陸戦の能力は必要です。陸自でも職種を問わず徒歩戦闘と補給の基本は欠かせません。しかも戦場で陣頭に立って戦う小隊長は、部下と苦楽をともにする現場指揮官です。旧ドイツ軍の幹部候補生学校は二年課程でしたが、陸海空軍を問わず士官候補生に歩兵小隊長になるべき教育を施してから少尉に任官させていました。

ですから、陸海空の志望を問わず、陸上部隊の歩兵（普通科）と兵站の小隊長になるための訓練を必修とすべきでしょう。それを二年生か三年生までに修得させるのです。

幹部候補生学校から自衛隊に入る一般大学出身者（O）はしかたがありませんが、防衛大の出身者（B）には陸海空を問わず、持っていてほしい能力です。

戦争映画を鑑賞して戦訓抽出を習慣づける

「下士官は現在の戦争に備え、将校は将来の戦争に備える」と先に述べました。しかし今の防衛大学校は、〝大きな下士官〟を養成しているだけではないでしょうか。自衛隊実務の専門家を養成しているだけに見えます。休日に民間で主催されている各種勉強会に出てくるような幹部自衛官は、ほとんどが一般大学出身者（U）です。

現状を前提とした議論に安住させてはいけません。そのため、学生には毎週、軍事関連の映

画・映像の鑑賞を義務づけ、その戦訓ないし教訓を抽出し論文にして提出させましょう。提出論文の内容には自衛隊の改革案を含みます。長いレポートにする必要はなく、四〇〇字程度の小論文でいい。ただし、提出しないと週末の自由な外出を認めないなどの重石《おもし》つき。こうして「現状で間に合っています」という議論をしない幹部を作っていきます。

映画もバカにしたものではありません。記録映画やドキュメンタリー映画は編集済みとはいえ生の情報が含まれていますし、歴史的事実に基づいた作品は、フィクションであってもかなり調べて制作されているものです。なかには、ありえないシーンもありますが、その点に関しては批判的にツッコミを入れれば良いだけです。

外国映画であれば、外国の事情に関して知識を得ることができます。自分の目下担当する業務にしか興味がないなどという視野の狭い人物を淘汰するためにも、戦訓抽出の小論文を義務づけ、自分がその部隊の指揮官だったらどうするかを考えさせるべきでしょう。

SFの戦争映画だって、架空の想定に自分を置いてみる役に立つのです。

生涯研究し続ける地域または国を課題として課す

各自、ある一国あるいは一地域（複数の国にまたがる地域、一国の中の一部の地域）の研究に取り組み、防大在学中のみならず、その後もテーマとして追い続けるようにします。すると各々が地域のエキスパートになります。何か必要なことが起きたら、その専門地域をもった幹部を幕僚として起用できます。

防衛大学校では、まずは『ミリタリー・バランス』バックナンバーを紐解《ひもと》いたり、『ジェーン』の各種年鑑を参照する習慣を身に付けることから始めるべきでしょう。

幹部学校（CGS／CS）から陸・海・空を統合する

防衛大あるいは一般大学を卒業して自衛隊に入隊すると尉官（将校の一番下）に就任し、その後、数年実務を経験すると、佐官に出世するにあたって再び幹部学校という教育機関を通らなければなりません。一定の選抜プロセスを経て入学し、指揮幕僚課程を修了したものがさらに上位へと進んでいきます。

幹部学校の略称は、陸上自衛隊はＣＧＳ（Command and General Staff Course)、海上自衛隊・航空自衛隊はＣＳ（Command and Staff College）といい、昔の陸軍大学校・海軍大学校に相当します。

この段階で陸・海・空を統合していない先進国は日本だけです。冷戦後、諸外国では統合が進みましたが、日本はそのための手間暇・予算を惜しみました。

伝統あるイギリスの王立海軍大学校ですら統合されてなくなりました。グリニッジの元王立海軍大学校は、いまではユネスコの世界遺産「マリタイム　グリニッジ」の一部をなし、観光名所になっています。

日本はといえば、キャンパスは東京・恵比寿の同じ建物内なのに、学校としては陸・海・空が別のままです。

統合教育を行うには、カリキュラムや人事を見直すなどしなければいけません。そのためには人材や予算が必要です。何事も改革するには多大な初期費用と手間暇がかかります。そのコストを惜しんで改革ができないのでしょう。

さらに佐官が将官に昇進するにあたって統合幕僚学校（統幕学校 Joint Staff College）に入りますが、自衛隊ではこの段階で、ようやく陸・海・空が統合される。

つまり、世界では陸海空がお互いに何をやっているか、佐官クラスがわかっていますが、自衛隊は将官になるまで知らないのです。日本でも、もっと早い段階で統合を進めたほうがいいでしょう。

教養ある佐官級幹部の育成

幹部自衛官は教養ある国際人であることが望ましく、脳みそ筋肉では困ります。

そこで、以下の二つを二佐以上に昇進するにあたっての条件とすることを提案します。ただし当座は、そのうち最低一つを一佐になるまでに達成すれば良しとしましょう。

- 第二外国語で所定の検定に合格する
- 修士号以上を取得する

「二佐以上」とは、陸軍なら大隊長、海軍なら艦長に相当します。大隊長や艦長であれば、分野は問いませんが修士号や博士号を持ち、何か英語以外の外国語にも長じている必要があるでしょう。

第二外国語には、ヨーロッパの言語でも、アジアの言語でも、幅広く選択肢を提供するべきです。

ちなみにオーストラリア軍では中佐以上に昇進するためにはアジア太平洋域の言語を一つマスターしなければならない決まりになっています。

4-3 業務の見直し

平時には残業なしで

自衛隊も現在日本のほとんどの組織と同様、仕事が立て込んで、残業が多かったり有給休暇を消化できない隊員が多くいます。しかし、自衛隊に根深い因習ゆえか改善されないのは、そのような頑張りすぎを肯定的に見る風潮です。頑張りすぎを賞賛することは、平時には悪徳です。平時の勤務に余裕がある体制で組織が廻っていなかったら、継戦能力など期待できません。有事には戦い始める前に自滅してしまうでしょう。

上官は、残業をさせざるを得ない部下がいたら、自分もそのように頑張ってきたなど言って激励してはいけません。必要なシフトが回せない現状を改善できない自分の無力を正直に話して部下に謝ってください。とにかく現状正当化のつじつま合わせで良しとしているなら、将校失格です。

もちろんこの問題は、あらゆる非常時に備える組織に共通して言える問題です。

不器用でも務まる組織に

自衛隊員と話していると、器用貧乏ぶりに驚かされます。たとえば、輸送用トラックでも運転席に装甲が必要だね、と言うと、有事には応急に装甲を付けるから大丈夫と、言われました。小型ブルドーザーや小型パワーシャベルについて、チヌーク（CH－47）でスリング輸送（吊り下げ空輸）することを考えたら、平素からフックを溶接して固定しておいたほうが便利だよね、と言うと、安全に吊り下げるための要領があるので大丈夫、と言われました。

事前の訓練計画で決められた時間内に決まった仕事をすれば良い平時の訓練ならそれでも良いでしょう。しかし、敵襲に備え寸刻も惜しいのが非常時です。平時に金をかけ、有事の時間を倹約しなくてはならない。しかも、手先の運用に頼る分をできるかぎり減らして、未熟練な隊員でも役に立つようにしなくてはなりません。

関連して、装備を実用化するための実用試験について一言述べます。自動小銃や機関銃のような誰でも使いこなせなくてはいけない基本的な装備の運用試験は、任官後一年以内の、それも要領の悪い隊員を中心に行うようにします。老練な隊員でなくても間違いなく使いこなせるようバグ出しをするべきです。

軍事組織に限らず、非常時に備える組織では、研究開発分野か教育訓練分野でもない限り、「余人をもって代えがたい人物」がいてはなりません。付言しますと、制服自衛官が防衛装備庁や防衛研究所の研究員、あるいは各種学校の教官を務めている場合、五十代前半には文官に転身して、その代わり文官としての定年いっぱいまで務められるようにするべきでしょう。

パワハラ・セクハラ上官は「平和ボケ」

ときどき週刊誌に自衛隊でのパワハラやセクハラの事案が載ります。私はこれを人権問題として取り上げる心算はありません。

問題は、そのような挙に及ぶ上官は実は戦時のことを考えていない平和ボケ幹部だということです。有事対応の組織だからといってただ厳しければ良いというものではない。厳しさというものは、不当さ、不公平さが加われば酷《むご》さに変じます。

たいていの場合、パワハラ上司は自分がパワハラをしている自覚はありません。そして自分が恨まれても、部下が不当に逆恨みをしているとしか認識できないものです。しかし、正当な恨みであろうと不当な逆恨みであろうと、戦場で部下がその上官の隙を窺っていることに違いはありません。

たしかに部下が上官を恐れるようにするのは上官の決心しだいです。しかし部下が上官を信頼するかどうかを決めるのは部下です。

第一に、もしもそのような上官が突撃命令を出したとき、部下はその上官について行くでしょうか。上官を先行させて見殺しにするかも知れません。それどころか、戦場で部下は恨んでいる上官の背中を撃つかも知れません。戦場は危険に満ちています。後ろから撃つほかにも、死に陥れる方法はいろいろあるでしょう。

第二に、危険ないたずらも起きます。それは現場の安全管理に響く。たとえば、旧軍では、炊事担当の兵隊は、恨んでいる上官の食事に唾を吐いたりしてから渡していたそうです。感染症リスクは重大です。

第三に、営内で不満がたまれば営外で不平、不満、悪口を漏らすでしょう。これは情報漏洩の原因になります。たとえ秘密指定されていない情報でも、組織や構成員の弱点を外部に漏らしてしまうということです。もしも自衛官がよく行くような歓楽街で、待ち構えた外国の諜報員が偶然会ったふりをして、優しい態度で愚痴の聞き役になってくれたらどうでしょうか。いったん籠絡に成功すれば、今度は内部情報の持ち出しを求めるようになるでしょう。

そして、このパワハラ問題が正常化できない理由が警務隊の機能不全であるとすればことは重大です。警務隊は、一般の隊員とは人事的に独立していて、また、調査中や捜査中の事案について駐屯地や基地の司令に対しても情報守秘義務があります。もしもこれが建前に過ぎず、実態は揺らいでいるとすれば、組織の規律を保つ制度が壊れていることを意味します。

ついでに書くと、旧軍のパワハラ体質が戦後反軍主義を拡大させたことは間違いないでしょう。敵と戦うのは義務だと思って納得できたが、上官の理不尽な仕打ちは我慢できなかったという従軍経験者は多かったと思います。戦後防衛政策は、佐藤栄作と田中角栄の二代の総理大臣によって、それまでに地道に築いてきた基礎が破壊されました。中でも田中角栄の強烈な反軍主義は、軍隊時代に受けた熾烈なパワハラが原点でしょう。ただ一人かばってくれたのは中隊長の細井宗一でしたが、彼はシベリア抑留を経て世界労連（コミンフォルム関連団体）の工作員として帰国します。国労の共産党系幹部として活動しながら、同時に田中邸にも自由に出入りしていました。

4-4 兵器の開発・製造

武器には汎用性と伸び代が必要

冷戦期、日本で開発した戦車や装甲車などには冷房が付いていませんでした。北海道で使うことだけ考え、寒いから暖房だけあれば良いという判断だったそうです。しかし北海道でも夏は暑くて大変だったと聞きます。それに、日本全国各地に配備されたことは言うまでもありません。兵器開発において、過度に使途を限定したスペック要求をしたための失敗談です。しかしこれが、自衛隊内の組織的記憶においては失敗ケースだと認識されていないようです。

兵器は、いったん採用されたら三〇年くらい使われます。その間、さまざまな改造をして性能を向上することもあります。通信機器のように、そもそも適宜交換していかなくては使い物にならなくなる装備もあります。

それから、三〇年のうちに主要脅威対象国が変わらないという保証もありません。

ですから、運用期間にさまざまな改良ができるよう十分な伸び代のある設計にすることが欠かせない。たとえば電子機器の更新です。装甲車両の場合は増加装甲を技術革新に応じて適宜交換できるようにしなくてはなりません。それだけではなく陸戦兵器の場合、短期で現役復帰できる状態と、長期保存する場合の、両方の保管要領まで設計に織り込まねばなりません。

それから、年間生産規模をどのくらいにするかを考えながら、生産設備や生産体制、サプライ・チェーンの設計までが武器開発であると認識し規定するべきです。

また改造というほどでもない、任務に応じた改装は容易にできるようにしなければなりません。たとえば戦車や装甲車の上部に載せる武器ですが、汎用機関銃にするのか、重機関銃にするのか、二〇㎜機関砲（フランス製M６２１型なら戦闘機と弾薬は共通）にするのか、四〇㎜擲弾銃にするのか、兵器の基本仕様には含めず、どれでも簡単に交換できるよう設計するべきでしょう。その架台や射撃統制装置にしても、時代と技術の変化に応じて、また場合によっては地形に応じて、簡単に換装できなくてはなりません。たとえば現在であれば、ヘリコプターだけではなくドローン等にも対応できるよう極超低空防空の能力が欠かせないでしょう。

生産体制も武器のうち

現在、日本の防衛関連産業は発注量が少なすぎて最低未満の生産規模で営まれています。編制を充足するために生産しているのではなくて、生産ラインを廃止しないために生産しているのです。しかもその生産規模を前提に、自衛隊の編制における装備の量が減らされています。

生産ラインは毎年短期間だけ稼働し、あとは保管状態になっています。そのため、採算が取れずに軍需産業から撤退する企業も出ています。この生産ラインを立て直さなければなりません。

その際に大切なことは、兵器とは完成品だけが兵器ではなくて、生産体制や弾薬と予備部品の供給能力を含めて兵器であると認識することです。兵器の設計には、量産工程とそのためのサプライ・チェーンの設計が含まれるということです。特に弾薬やスペアパーツの生産施設は、有事急造を前提に建設されなくてはなりません。完成兵器を輸入する場合でも、弾薬やスペアパーツは極力国産にするべきです。

工程の中には、どのような企業が下請け、孫請けになるかという問題もあります。下請け企業、孫請け企業がどうなっているか、それを管理、監督する体制も欠かせません。かつて自衛隊のミサイルのソフト開発に携わっていた孫請けになっていた会社がオウム真理教関連だったという問題がありました。

生産ラインを実用化するためには、フル稼働で年間どれだけの生産ができるか、どれだけ必要かを基準に生産施設の規模を決め、平時に生産が少なく遊休化した場合は政府が補助金を出すようにするのがいいでしょう。

年間調達量が過小だと、家内制手工業のような製造体制で作り続けることになります。しかしそのような形で小規模調達を続けているのであれば、それは増加試作品（先行量産品）を買い続けているのと同じことです。量産品とは、極力自動化された大量生産ラインで製造される製品のことをいいます。もちろん現在は量産ラインを設置して採算がとれるだけの規模を調達していないのです。けれども部隊に配備する兵器を買う以上は、大量生産ラインの設置費用を、メーカー任せにせず、政府が拠出することから始めなくてはなりません。

そして、日本の軍需産業を育てるためにも小規模でもいいので防衛装備庁直属の兵器工場を設けるべきです。兵器や弾薬、機材の研究開発や試作をメーカーに丸投げするのではなく、場合によってはこの兵器工場で扱うようにし、メーカーと共同で研究開発や試作などを行うのです。

特殊な装備ほど、それが望ましいわけです。小銃のサイレンサーなど特殊部隊用の装備のように限定生産になるものは、国営兵器工場で製作すべきです。それから、たとえばスマートフォンに入れるソフトなど、特殊な通信装置の開発も民間企業に任せられない場合が多いでしょう。

ガラパゴス化を避ける

また、メーカーに対しては、実用化を必ずしも前提とはしない試製品（実験機や概念実証試作体）の自主開発を認め支援しなくてはなりません。それには多くの利益があります。

まず、技術者が取り組む仕事が途絶えることがないようにします。技術者の能力を維持し、また継続的な技術継承を可能とすることです。それから、メーカーが防衛省に提案しやすい環境を作ります。

日本の防衛装備が「ガラパゴス化」している理由の一つは、第1章に書いたように、狭隘な国内交通インフラによって大きさに制約があることです。

そしてもう一つは、財務省（旧・大蔵省）が単価引き下げのためのスペックダウンを強いることです。C－2輸送機の使用目的が国連平和維持活動（いわゆるPKO）なら不整地離発着の性能は不要だとされてしまう。北海道防衛が目的の戦車なら冷房は余計だとされてしまう。発展できるような伸び代を織り込んだ余裕のある設計にしようとすれば、無駄だとか予算の先取りだと批判されてしまう。ですから、汎用性や発展可能性に欠ける国産防衛装備が多いのです。

オートクチュールとイージーオーダー

デファクトスタンダードの見極めも大切です。どのような部分に最先端のものが求められ、どのような要素に後発性利益があるか理解しなくてはなりません。

一九八〇年代には、一二〇㎜砲を搭載した戦車や長砲身の自走一五五㎜榴弾砲は最新の高度な兵器でした。新兵器の開発とは、オートクチュールを仕立てるようなものでした。

しかし現在では、そのNATO標準の基本形態はデファクトスタンダードになっています。余剰の中古品を買っても良いけれども、古い製品はさまざまな構成要素が作り付けになっているので近代化改修には費用を要する場合もあります。また、現在では調達が困難なスペアパーツが必要な場合もあります。そこで新品が欲しければイージーオーダーで必要なものは手に入ると言っても良いと思います。極端な言い方をすれば、通信や監視や射撃統制などの電子機器、増加装甲、砲塔上の機関銃架と照準装置、発煙弾投射装置などを時代の変化に応じて柔軟に交換できる構造にしておけば、既製品で間に合うということです。ドローン等に対処する極超低空（空地中間領域）防空の能力などは、最初から作り付けにしたのでは時代の変化についで行けなくなります。容易に換装できる構造が欠かせません。

また、ステルス性の要らない練習機や輸送機などの軍用機も、後発性利益が大きい分野です。開発のハードルは下がっています。

韓国がポーランドに戦車や自走砲や高等練習機の輸出で際立っているのですが、このようなイージーオーダー市場にうまく食い込んだのでしょう。それから、韓国の兵器産業が盛んになり始めたのは一九八〇年頃なので、それ以前にアメリカから供与された兵器体系に合わせて国土開発が進んでいたという事情もあります。日本よりも戦車の大きさなどがＮＡＴＯ標準になっているのです。

日本の場合、道路や鉄道の制約から、ＮＡＴＯ標準の戦闘装甲車両では大きすぎる場合が多いということは前述した通りです。しかし、応用できる部分は少なくないと思います。

武器輸出は金だけの問題ではない

生産した兵器は当然、輸出も考えに入れることになるでしょう。

兵器輸出が民生品と大きく異なるのは、最終使用者証明と使途限定誓約を契約に盛り込めることです。同じ製品でも「民生品」と「武器」の両方のカテゴリーで売る場合もあり、その場合、民生品は購買者にとって扱いの自由度が高いですが、値段も高くなります。逆に「武器」として輸出された製品は、安く購入できる代わりに制限がかかるのです。

日本は武器輸出を厳しく規制しているために、軍民両用品を純粋な民需品として輸出している場合が少なくありません。民生用として輸出されているトヨタ・ランドクルーザーのようなＳＵＶが世界中の戦場で活躍していることは言を俟ちません。使途制限や転売制限のできない方法で輸出しているからです。

最終使用者証明のついた製品は勝手に転売できません。そして、使途限定誓約によって、輸入国は輸出国の利益に反するような兵器の使用ができなくなります。万が一、購買者が最終使用者証明や使途限定誓約に違反した使い方をすると、製品のアフターケアを打ち切られます。

とくにアメリカの兵器は、一九七九年のイラン革命※の教訓で、定期的にソフトを更新しないと機能しなくなるようにできています。その他、スペアパーツや弾薬の補充をしてもらえないなど、アフターケアを打ち切られると、遅かれ早かれ、その武器は使えなくなるのです。

※イラン革命　一九七九年にイランで起こったイスラム革命。パリに亡命していた宗教的指導者ホメイニ師が帰国し革命政府を樹立し、近代化を推し進めていた親米・親西側の国王パフレヴィー二世は亡命。第二次石油危機を引き起こした。

つまり、アメリカから武器を買った国は、戦力を維持し続けるために、アメリカと喧嘩できないわけです。

トルコがクルド人弾圧のために使うヘリコプターや装甲車はロシア製です。アメリカや西ヨーロッパ製の兵器では使途制限に反してしまうからです。

またウクライナに侵攻したロシアに対して厳しい態度に出ることに反対している国はたいていロシア製兵器を買っている国です。

このように、兵器の輸出とは、お金だけの問題ではなく、政治・外交・軍事上の取引なのです。「輸出をすれば儲かる」とだけ考えてはいけません。そして、さまざまな権限と同時に義務も生じます。

武器輸出国は、輸入国に対して「敵に回ったら、その武器は使えなくなるからな！」と脅しながら、「味方であれば、戦時には補充してあげますよ」という支援を約束しているようなものです。

輸入国が実戦で装備・弾薬を大量に消耗したら、輸出国は自国の装備をとりあえず補充用に送り、製造企業は急いで生産量を増やして補充しなければなりません。そこまで面倒をみるのが兵器輸出なのです。

政府与党の自民党にも、兵器の輸出国は、輸入国が紛争に巻き込まれたときに、急遽大量生産する体制を作らなければいけないのだということがわかっている人は少ないように思えます。

オフセット契約

国際的な兵器取引では、オフセット契約が行われる場合も少なくありません。つまり、一方が何かを売る代わりに、他方が別の何かを売る、いわば物々交換のような販売方式です。それも、双方が軍用品とは限りません。一方が兵器を売るのに対して、他方は食料やエネルギー資源や鉱物資源や民需品という場合もある。また、購入国が部品の国産率をどこまで高めるかという問題もあります。導入国にノックダウン生産やライセンス生産を認める場合の取極めも重要です。また、この場合も、第三国への売却条件や使途制限等について協定を結ばなくてはなりません。

外国に武器を売却する場合、相手がそのようなオフセット取引を求めてくる場合もあるでしょう。日本ではじゅうぶん足りている品目で支払われる場合、その転売先を見付けることも大切です。そのような場合、どの省庁が窓口になるか、交渉権限を持つか、考えておく必要があります。

輸出するなら互換性を考える

また兵器製造にあたっては、他の国の兵器とシステム互換性がなければいけません。兵器輸出といっても新参者が始めから完成品を輸出できるわけではありません。最初は部品です。それから、既製品や中古品に対する近代化あるいは用途変更用の改修キットです。ヨーロッパでは装甲戦闘車両の砲塔だけ、車体だけを売りに出すことがあります。ドイツのレオパルトⅡ戦車は砲塔を外すと単なる部品扱いとなり、購買者がそれに他の国から買った砲塔をのせて使用しても武器輸出にならない。そんな売り方もあります。ただしそのようなセールスは成功しませんでしたが。

それで通るのが不思議な気もしますが、昔からあることです。第二次大戦中にアメリカはM3中戦車を製造し、イギリスに引き渡しましたが、アメリカが正式に参戦する前には、砲塔のない車体を売り、イギリスはカナダ製の砲塔を搭載して完成させました。これも未完成品なら「単なる機械部品にすぎない」というわけです。

日本が実際に兵器輸出しようとするのなら、これらの点もよく考えておかなければいけません。

次期戦闘機や搭載するミサイルをイギリスと共同開発しようという話が進んでいるようですが、兵器を共同開発するということは不足したときはお互いに補いあう仁義を結ぶということ

M3中戦車（ウィキペディア）

です。イギリス有事の際には、どんどん補給を送るのが当然で、それをしなかったら国際的に信用を失います。

念のため申し上げますが、私は武器輸出に反対しているわけではありません。大いにけっこうなのですが、武器輸出の議論をしている人たちにそういう視点があるのかが疑問なのです。

日米安保にしても、これまでお話ししてきたように「アメリカは矛、日本は盾」のはずが、事実上「盾」にもなっていない現実があり、それだけでも国際信義に反しています。在日アメリカ軍施設の警備を自衛隊が頼まれても、NATOの標準作戦手続（Standard Operation Procedures）に準拠しては行えず、警察とほとんど違わない自衛隊基準でしか行えません。基本的に日本に対する期待度の低い（低かった）日米安保遵守すら満足にできないで、それ以上のことをやる覚悟があるのか、という話です。

日英同盟を実質的に復活させるべきだという議論もあり、私も原則として賛成ですが、それぐらいの仁義すら理解できないようでは、やめておいたほうが良いでしょう。

防衛装備品の部分的国内開発

戦後しばらくは、少なくとも陸上自衛隊の装備については、国内開発かライセンス生産により一〇〇％国内で量産できる体制を目指すつもりでした。その一方で、そのサプライ・チェーンの対外依存については無頓着なようです。ともあれ一時はＨＡＷＫ地対空ミサイル以外はほぼ完全に国産化されていました。

ところが冷戦後、調達数の激減と技術革新が相まって、輸入依存度が増していきました。けれども日本の技術者の多くは今でも、防衛装備開発時にすべて国内設計で作り上げることを目指しています。しかし、作る以上は何でも国産という考えを捨てて、何を、どの程度製造し、どう組み合わせるのか、このような考え方に移ったほうが良いでしょう。

ところで、一般的に、新たに市場に参入しようとするとき、すべての部品や構成要素がまったく新しい製品を売り出そうとするでしょうか。民生品でも、たとえば新興企業だったエアバス社が第一作Ａ３００旅客機（双発機）を開発したとき、マクダネル・ダグラス社のＤＣ－10旅客機（三発機）のエンジンとパイロン（主翼エンジン取り付け部位）をそのまま流用したのです。そうすることで、すでにDC－10を保有している航空会社に売り込みやすくしたのでした。

軍用装備でも、とくに新参メーカーは、すでに普及している製品と互換性のある製品を作るでしょう。その互換性には、いろいろなパターンがあるでしょう。

たとえば、既存の地対空ミサイルや空対空ミサイルの弾頭やロケット・モーターはそのままに誘導装置だけを新しくする、ということもあるでしょう。赤外線誘導式であると、より妨害されにくい誘導装置に交換するということだけであれば、既存の発射装置をそのまま使ったり、戦闘機に何の改造もしないで搭載することもできるでしょう。携行SAMや近SAM、短射程AAMのようなミサイルは、そのような改良に適しているでしょう。アメリカ空軍がサイドワインダー短距離空対空ミサイルを、B型からE型、J型、P型と改良していったのは、戦闘機を改良する必要なくミサイルの誘導装置を換装していった例です。

また、冷戦期に英国が開発したスカイフラッシュ中距離空対空ミサイルは、米国製スパロー誘導弾E型を基に探知機構をモノパルス型に更新したものでした。実は当時、米国が英国に意地悪していて、新しいスパローのF型（一九七三年八月末、先行量産品を米海軍に納入）を輸出してくれなかったので、古くて射程の短いE型を基に作ったという笑えない背景があります。米国は後に別個にF型にモノパルス探知機構を組み合わせたM型を作りました。これは、同盟国間の調整に失敗した例です。

それに、既存の戦闘爆撃機に搭載できる新しいミサイルを開発することもあるでしょう。既存の戦闘機や攻撃機に新しいミサイル等を装備できるようにするためには、火器管制装置に新しいプログラム（アプリ）を追加する必要があります。新しいプログラムを追加するためには、その飛行機を開発した国とメーカーの協力が欠かせません。飛行機がどのような速度、高度、旋回状態でなら安全に兵器を発射できるかを見極めてソフトを完成させるためには、飛行機メーカーと兵器メーカーの密接な共同作業が必要で、開発作業が複数国にまたがる場合には国際協力が欠かせないわけです。当然、第三国への輸出についても方針について合意しなくてはなりません。

現在、日本とイギリスはF－35Bに搭載できる新型ミサイルを共同開発しつつあります。その実用化のためにはアメリカ政府とロッキード・マーチン社の協力が不可欠だというわけです。

逆に、新型の軍用機を開発するときに、すでに普及しているミサイルを搭載できるようにします。スウェーデン、台湾、韓国などが新型機を開発するとき、そのようにしています。

それから、既存の戦車の射撃統制装置や通信装置を更新する需要を狙うということもあるでしょう。これは世界中で行われています。そもそも兵器本体の寿命に比べて電子機器はその半分かそれ以下で時代遅れになりますから、途中で新型に更新するのは自然なことです。しかも陸戦兵器の装備は、高性能なものを求めればキリはありませんが、必要最小限の機能で良いと割りきれば、小型軽量で安価なものが入手できます。

兵器の国内開発と海外製品の導入　利害得失を考えて計画を進めよう！

ある機材を売って終わりとならないのが兵器です。そして、何を、どの程度製造し、どう組み合わせるのかが、けっこう難しい。兵器の国内開発するにあたっては、よく考える必要があります。

飛行機や戦車や大砲などの運用母体を開発するのか、弾薬を開発するのか、あるいは、その両方か。一見、単純なようで、かなり奥深い問題があります。

運用母体を開発する場合、弾薬は国内開発のものだけを使うのか、それとも海外開発の弾薬も使うのか。その組み合わせには、それぞれ良し悪しがあります。

国内開発の弾薬のみに頼るなら、有事に外国に頼ることができないので、戦時所要を満たすだけの十二分な国内備蓄体制が不可欠です。それから、そのような装備は輸出できません。

国産および外国製の弾薬両方を使用する場合、なぜ、わざわざ国内で開発するのかという議論が出てきます。

国産・外国製どちらの弾薬も使用可能の場合も、国産にすべき理由がある例もあります。たとえば徹甲弾です。アメリカ製の戦車が使う徹甲弾は劣化ウランを使っています。日本は国内戦で用いることを想定しているので、環境汚染しないように今まで通りタングステン弾を使ったほうがいいでしょう。

また、航空自衛隊のペトリオットは、弾そのものはアメリカ製（ライセンス生産）で良いのですが、レーダーに関しては現場で不満があるようです。具体的には、レーダーが平面一枚なので一二〇度ぐらいしかカバーできません。錯雑地形の日本では各高射隊が分散配置されていると、どうしても死角が生じやすいのです。そこで三六〇度見られるレーダーが欲しいというわけです。レーダーの国内開発は検討できないのでしょうか。

ところで、イギリス、イタリアと共同で新型戦闘機を開発することが決まりました。日本の南西諸島やシーレーン（海上交通路）防衛の所要と、イギリスのＧＩＵＫライン（グリーンランド、アイスランド、イギリス本国を結ぶ、ロシア軍の南下を防ぐための防衛線）防衛の所要は、性能的に似たものでしょう。開発が成功すれば良いと思っています。

システム統合について考える

今までもさまざまな国産ミサイルは開発されてきました。今後は、運用母体のミサイル発射台を海外から導入するのか国内開発するのか考えなくてはなりません。また外国で開発された弾薬も搭載できるように作らなくては、運用互換性が担保できないでしょう。

その例として、ＭＬＲＳ（Ｍ２７０）やウクライナ紛争で使用されて話題のハイマース（Ｍ１４２）※についで考えてみましょう。

HIMARS（ウィキペディア）

※ＭＬＲＳ（Multiple Launch Rocket System：多連装ロケット砲システムＭ２７０）は、地対地攻撃用兵器で、小型ロケット弾六発または大型ロケット弾（ＡＴＡＣＭＳ）一発を搭載する弾薬ポッドを二個搭載する装軌装甲車である。ハイマース（ＨＩＭＡＲＳ：High Mobility Artillery Rocket System：高機動ロケット砲システムＭ１４２）は、同じ弾薬ポッドを一個だけ搭載する装輪車両である。両者の兵器システムは基本的に同じで、弾薬ポッドに適合する各種のロケット弾が開発されている。（参考：https://www.youtube.com/watch?v=n_JFgWwxJU4）

弾薬ポッド（弾薬をはめ込む容器：六発収納）は米国製を使うとしても、それを運用する車体を国内開発するという選択もありえます。

ハイマースでも車両はかなり大きいのですが、砲座の旋回角度を抑制すれば、もっと小型のトラック改造型で間に合うでしょう。射程が長い特科兵器なので、旋回角度は小さくて構わないはずです。

自走砲は国内開発を行うにしても、弾薬の規格は国際的に標準化されていますから、海外で開発した弾薬も使用できるのが普通です。

このように個々の装備によって事情が異なるので、それぞれ考えながら決めなければなりません。

新型ミサイルを旧式の発射台や飛行機でも使えるように

兵器開発者は、未来にばかり頭が向いてしまいがちです。しかし、配備が始まってから、旧式兵器が退役を完了するまでには長い時間を要します。陸戦兵器であれば、旧式兵器も予備として維持されるのが常識です。

たとえば新型弾薬を開発するとき、このような旧式な発射母体が存続することも考えなければなりません。

すでに引退が進んでいますが、陸海空三自衛隊で採用した81式短距離地対空誘導弾があります。ミサイルは光波弾（赤外線誘導方式）一種類です。その改良型で陸上自衛隊だけが採用した81式短距離地対空誘導弾（C）があります。この改良型は、新型の光波弾と電波弾の二種類のミサイルを混用します。もしも（C）用の新型光波弾が旧型の発射台でも使えるのであれば、旧型用の光波ミサイルは調達を打ち切れたでしょう。

次に、航空自衛隊の中距離空対空ミサイルを例に考えてみましょう。

現在F―15が約二〇〇機ありますが、そのうち初期型約一〇〇機のレーダーは旧式なので、旧式ミサイル（スパロー）しか搭載できません。新型ミサイル（国産AAM―4や米国製AMRAAM）は、電子機器を改良したF―15後期型（M―SHIP機）にしか搭載できないのです。AAM―4は開発時、旧型レーダーでも撃てるようにするべきでしたが、そのような配慮はありませんでした。もちろん新型レーダーでなくては同時多目標攻撃はできません。同時多目標攻撃とは、複数の敵機に対してミサイルをつるべ打ちにすることです。もしも旧式レーダー搭載機でも、同時多目標攻撃は無理でも、AAM―4を撃てるのなら、スパローの調達を打ち切ることができたはずです。F―15初期型の引退までには何年もかかります。

要するに、武器開発の仕様を決定する人たちは、新装備が行き渡って旧式装備が引退しきるまでのタイムスパンを考えていないようです。技術陣は、新しくて優れたものを開発することにしか興味がないのではないでしょうか。

ちなみに自衛隊はF―35導入を機にAAM―4調達を打ち切って、AMRAAMに切り替えました。F―15初期型はAMRAAMにも対応していません。

空対空ミサイルの日英共同開発を促進

米国製の飛行機でも、米国とは別途、搭載兵器を開発しなくてはならない例を話しましょう。

今でも、イギリスとの間で、新型空対空ミサイルの共同開発が進んでいます。英国製の推進装置と日本製の誘導装置を組み合わせたものです。しかし今後はさらに共同開発品目を増やさなくてはならないでしょう。

F－35Bをアメリカ海兵隊用に開発したとき、専ら対地攻撃用の予定でした。しかしイギリス軍や自衛隊は、邀撃・制空といった空対空戦闘や、対艦攻撃も重視しています。

そこで、大型の兵器倉二つに各三発くらい収納できる空対空ミサイル、そして対艦ミサイルをイギリスと共同開発する必要があるでしょう。

特に、国際共同開発が期待されるのはF－35A／Bの兵器倉内に搭載できる空対空ミサイルです。短射程の対空ミサイルは今でも赤外線画像誘導です。しかし現状では短距離ミサイルは兵器倉内に積むようにはなっていません。兵器倉に収容できる短距離ミサイルの開発は喫緊の課題でしょう。

それに加えて、中・長射程の対空ミサイルは、ステルスの飛行機や巡航ミサイルに対処できなくてはなりません。ですからこれからの地対空や艦対空ミサイルだろうと空対空ミサイルだろうと、レーダー誘導だけでは力不足で、終末誘導に赤外線画像誘導方式を組み合わせる必要があるでしょう。コントレール（飛行機雲）からステルス飛翔体の存在を推定して予想未来位置に向けて発射することもあるはずです。そしてそのような長射程空対空ミサイルは、早期警戒機（AEW機）や早期警戒管制機（AWACS）への攻撃や、弾道ミサイル防衛（BMD）のブーストフェイズ迎撃（発射直後の大気圏内を上昇中に撃墜すること）でも使えるでしょう。

Ｆ‐35Ｂの兵器倉内に搭載できる小型の空対艦ミサイルも必要です。開発する以上は、何年間、部隊の装備を充足するのか、それも含めて開発であるはずです。第一章でよりよい編制を考えなければならないと話しましたが、本来は編制の開発と兵器の開発とはセットです。ところが、自衛隊において、この両者に整合性があるようには見えません。

前述のように、日本では兵器を耐用年限ギリギリまで使いますので、旧式の発射母体がずっと残ってしまいます。そのため、新型の弾薬を新型の発射母体でしか撃てないとなると、非常に効率が悪くなる。自衛隊をめぐる諸条件を考えると、新型の弾であっても旧式の発射母体からでも撃てるようにとの配慮ある設計が望まれます。

一方、アメリカでは切り替えるときはサッと切り替えます。日本のように「国有財産は寿命までは維持しなければいけない」、「規則で決まっている寿命を超えたらスクラップにしなければいけない」などというバカな決まりはありません。使えるものなら現役または予備として維持する。性能的に使えないと判断したら、新兵器でも遠慮なくスクラップにします。

かつてアメリカで機械化戦闘車のために車内から外を乱射することに特化した自動小銃（Ｍ231）が製作されました。しかし、そんなものを使うよりも車両の装甲を厚くしたほうがいいとして、その銃がすべてお払い箱になったことがあります。

日本で一度製作された兵器が「使えない」などということになったら「国費の無駄遣いだ！」「誰が責任者だ？」と責任追及がはじまるので、臨機応変な対応ができません。

軍事は、編制にしても武器開発にしても、すべては試行錯誤です。そこを自衛隊内外の人々に、まず理解してもらわないといけません。もちろん意図的な手抜きや汚職はよくないことですが、試行錯誤の過程での無駄は許容しないと、意味のある部隊編制など夢のまた夢です。

武器開発についてまとめると、国内開発か輸入かの二択ではなく、どんな部隊が何の目的で使用するのか、装備のライフサイクルなどを考え合わせて、運用特性に応じた組み合わせを選択するべきです。

そして純国産にするなら大量の弾薬を備蓄しなければなりません。

備蓄と有事急造について

弾薬に関しては開発もさることながら、保管の現状も問題が山積みです。

海上自衛隊の艦艇は弾薬を積載して港を出ます。一回出港分は載せている建前になっていますが、現在はそれだけの備蓄もありません。本来なら、その何倍も港に備蓄しておかなければならないところですが、そうなっていません。弾薬の備蓄量が過小なので問題が表面化しませんが、そもそも弾薬庫も不足しています。

昭和の時代は、護衛艦を購入する場合、初出港時に弾薬を満載にする分は弾薬費ではなく、建艦費に含まれていました。ところがイージス艦の一号艦「こんごう」を購入するとき大蔵省に粘られて、対空ミサイルのうち半分だけ建艦費に含め、残りのミサイルは弾薬費（備蓄分の費用）としてしまいました。それ以降、一回目満載分は建艦費に含むという習慣がなくなってしまったのです。「建艦費」とは、いったん建造が決まれば確実に認められる金額です。それに対して「弾薬費」とは、財務当局にとってはいつまでも口を挟むことのできる予算です。要するに、財務省に認めてもらえるかどうかが怪しい費用です。そして、実際に認められずに備蓄が減っていったのです。

航空自衛隊の状況は詳しく追っていませんが、おそらく同じようなものでしょう。

陸上自衛隊では、以前は戦車の備蓄弾薬トン量が公表されていました。数値を戦車数で割ると、全戦車の弾倉の半分ぐらいしか埋められない量でした。何年も前の話で、今は公表されていないので、どうなっているかわかりません。戦車が減っている上、訓練回数も減っているので、その分、戦車当たりの弾薬量は増えているかもしれませんが、絶対量は確実に減っているはずです。

普通は、出撃時には満載し、そのほか弾薬庫に備蓄がたくさんあり、帰着したら補充できる。あるいは、トラックに砲弾を積んで追走し、現場の部隊に送る。それが当たり前ですが、満載して一回出撃するだけの弾薬もないのが現状です。これは絶対におかしい。

日本と真逆で、無尽蔵に弾の備蓄があるのがロシアです。第一章で砲弾そのものは長持ちするので、長期保管後も、信管さえ更新し続けていれば使えると話しました。ロシアは冷戦期に大量の砲弾を製造しましたから、国内のあちこちに膨大な備蓄があり、信管さえ生産して補充できれば、いくらでも撃てる状態にあるのです。

ただし新兵器の保有数量は限られているようです。冷戦後、ロシアは製造業で唯一国際競争力のあるものが兵器だったため、兵器の性能を改善するために西側製の電子機器を入れるようになったのですが、二〇一四年のクリミア侵攻以降、経済制裁を受けるようになり、西側の電子機器を組み込んだ兵器が作りにくくなりました。

一方、冷戦期のソ連の兵器は、たとえ性能や品質を犠牲にしてでも輸入に頼らずに製造することが原則でしたから、当時の兵器なら、弾薬、部品ほかメンテナンスに必要な機材はロシア国内で調達可能なのです。

今後紛争が長引き、西側製の代わりに中国製の電子機器部品を組み込める体制が確立すると、ロシアは再び国際競争力のある有力な兵器を量産できるようになります。そうなるとウクライナは相当厳しい状況に置かれるようになるでしょう。

ウクライナ紛争に関して「ロシアは強い。いつまでも戦える」と「プーチンはもうダメだ」と一見矛盾するような言説が聞こえてきますが、この両者は実は矛盾していません。

ロシアの潜在的補給能力は桁違いなので、継戦能力は高いでしょう。ただ、プーチンが今の立場を維持できるかどうかというのは別問題です。支持を失って倒れるかもしれないし、暗殺されるかもしれない。

いずれにしても「備蓄」の重要性は、ロシアを見ていると、非常によくわかります。

繰り返しますが、兵器本体の設計だけではなく製造ライン設計を含めて兵器設計であり、それは非常時に急遽大増産することを考えて建設されなくてはなりません。それもサプライ・チェーンに遡った制度設計が必要です。特に、弾薬、スペアパーツ、その他の消耗品の生産体制は、複数の工場に置かなくてはなりません。輸入兵器であっても、スペアパーツその他の消耗品を国産しなくてはならないことは当然です。

4-5 電子戦

GPSの脆弱性

現代社会ではハイテク技術が非常に進んで、日常生活から兵器まで、ハイテクなしには考えられなくなっています。たとえば今では当然のように誰もがお世話になっているGPS※、軍隊もこれを使います。

しかし衛星通信なので、妨害を受けやすいという欠点があります。

GPS以前には地上局を利用するロランーC※がありましたが、現在では廃止されました。今はGPSの独壇場です。その後ヨーロッパでは、GPSの脆弱性を補うために、ロランの発展形eLORANを構築しようとする動きがありましたが、二〇一五年に費用がかかりすぎるとの理由で断念されました。

※GPS（Global Positioning System）　全地球包囲システム。アメリカ合衆国が運用する衛星測位システム。カーナビゲーションなどに利用されているが、本来は軍事目的で開発されたもの。
※ロランーC（Loran-C: Long Range Navigation C）　地上系電波航行システム。地上の二カ所から信号を受信し、

到達時間差からその距離差を求め、得られた地図上の双曲線上で自船位置を確認する。使用周波数帯によりロランAやロランCがあった。

GPSが使えなくなったときのために、ロランのような地上系ナビゲーションシステムを再整備することも考えたほうがいいと思います。技術は便利なものであればあるほど、妨害もしやすいのです。もちろんeLORANの基地にしてもテロリストに破壊される可能性はあります。しかし、GPSのように最初の第一撃ですべてを破壊することはできません。

電気・ガス・水道がつながった日本のインフラは危ない

一般家庭のライフラインは停電すると何も使えなくなってしまいます。最近では「オール電化住宅」を謳い文句に不動産が売り出されており、そんな家では調理・給油・冷暖房をすべて電気でまかなうようですが、あんな脆弱なものはありません。これも、便利にすればするほど安全保障上、弱くなる一例です。逆にプロパンガスの家は電子的に遮断されても、ガスは使えます。

ウクライナ紛争ではおもしろい話がありました。ある富豪が自分の別荘に大勢のロシア兵が入り込んでいたのを防犯監視カメラで見て、軍に連絡しました。「ここを爆撃して破壊してくれ」と。ウクライナ軍は別荘もろとも破壊して、空き巣に入ったロシア兵を殲滅してしまいました。

この場合は遠隔地にいる家主の通報でしたが、カメラは設置場所によってはハッカーに自分を監視させる道具ともなりかねません。「いつでも、おうちの猫ちゃんが眺められますよ！」などというキャッチフレーズのアプリがありますが、外から自宅の中を見ることができるということは、ハッキングされれば、空き巣を呼び込んでいるようなものです。

また、スマホで自動車を遠隔操作できるということは、自動車泥棒もハッキング操作できるというわけです。

ＩＴ技術によって暮らしは便利になりましたが、犯罪者にとっても便利になったのです。

二〇二一年にデジタル庁が発足し、一応「サイバーセキュリティの確保」も掲げているようですが、実際的には、利便性だけを追求する組織であって、実質的なサイバーセキュリティは内閣サイバーセキュリティセンターが担当するようです。

しかし、便利さの追求は民間が勝手にやればいいことで、そのためにデジタル庁などいりません。企業の営みに役所が絡むとロクなことがない。しかもデジタル庁は職員の大半が民間企業との兼業で、利益相反や情報漏洩を防止するためのチェック体制も覚束ないのです。汚職か売国か、とにかく堕落するより他ないでしょう。すでに広報ツールにバイトダンス社製TikTokを使っています。国家として保有すべきは、サイバーセキュリティに特化した組織です。

ところで、自衛官が自嘲気味に「うちのコンピュータは何世代も遅れているからハッキングされない」などと言うことがありますが、戯言です。ひょっとしたら発言者本人はそう信じているのかもしれませんが、デマです。コンピュータが旧式なら旧式をハッキングする方法があります。型式さえ認識できれば、ハッキングは可能です。マイクロソフトを始めとするＩＴ企業が古い基本ソフトや古いセキュリティー・ソフトはセキュリティー上の安全が保てないといって世代交代を進めていることは常識。古いシステムでも自衛隊だけは安全だというのは妄想です。

4-6

一に予算、二に予算、三四がなくて五に予算

諸悪の根源は予算不足

そもそも義務兵役制度も採用していない国で、軍事費を国民経済を圧迫するほどに増やすということは、実行不可能です。防衛費増が経済を害するという宣伝は、防衛嫌いの財務省による屁理屈。そしてあたかも国民経済への弊害の問題かのように錯覚させられているだけです。

財務省の査定は厳しいものですが、防衛庁（当時）に関しては特に厳しく、元自衛艦隊司令官だった勝山拓氏は、「防衛庁予算科目標準」というものがあり、予算の執行上制約が大きかったと雑誌『世界の艦船』に書いていました。他の省庁では割り当てられた予算は金額の範囲内では比較的自由に使えるのに、防衛庁では科目間の流用などはもってのほか。予算額および科目という二重のきびしい制約のもとで知恵を絞らなければならなかったそうです（勝山拓「オールドセーラーの思い出話　第6話　長期の陸上勤務と贅沢なリフレッシュ期間」『世界の艦船』二〇〇八年六月号、一一六頁）。

これは一九八八年の話ですが、防衛予算となると厳しい目が向けられるのは今も変わりませ

ん。本書で自衛隊の改善すべき点をいろいろとあげてきましたが、諸悪の根源は予算不足にあります。「憲法が〜」「九条が〜」と巷では言われますが、日本国憲法第九条はほとんど関係ありません。ただ単に予算さえつければ解決する話が数多くあるのです。

予算をつけ、人材を育て、機能する編制を考える。その上で必要な装備を必要なだけ開発・購入する。それが筋というものです。

ところで財務省が予算を削るのは彼らの仕事ですが、信じられないことに、防衛省・自衛隊のほうが「予算をそんなにもらっても使い道がわからない」と言い出すことが多々あります。「この予算でやれ」と言われて、やらざるを得ない時代が長すぎて、すっかりクセになってしまったようです。

クセになってしまったから、たとえば陸上自衛隊には「七トン・トラック」の他に、民間仕様そのままの「特大トラック」があります。ほとんど同じ大きさですが、後者は、「後方業務用」という理由付けで前輪に駆動動力が及ばない。全輪駆動の部隊用と後輪のみ駆動する業務用を分けて買っているというのも、予算制約が理由です。そういえば、「業務用」救急車が四輪駆動になっていないのも妙です。救急車は非常時には大忙しになります。有事や自然災害時には道路が悪くなっている恐れがあります。自衛隊のみならず自治体消防の持っている救急車も四輪駆動がふさわしいはずです。

一般の人にはピンとこないようですので、どうしてそうなるのか、もう少し詳しく話します。

防衛省の内部には財務省から送り込まれた官僚が多くいて、その人たちが多くの拒否権を持っています。財務官僚に媚びたほうが、防衛省・自衛隊内でも昇進に有利なのです。「予算を増やさなければいけない」とがんばると、「あいつは昇進させるな」とか、「早期退職に追い込め」とか圧力がかかる。それで、本当に国のことは考えている人も、それを口に出せない。最初のうちはやむを得ず我慢していたのが、「我慢できるんだったらそれでいいだろう。もっと減らせるね」と。その繰り返しでジリ貧になっています。

そんな時代が続いて、「現状で間に合っています」という言い訳が自己目的化してしまい、軍事的合理性はすっかり後回しになります。特に陸上自衛隊の場合、重装備が減ればそれだけ軽装備部隊出身幹部が出世組になっていく。そうすると精神主義が強調されて、ますます「現状で間に合っています」という台詞が幅を利かせるようになる。しかも限られた予算枠のなかで陸・海・空が互いに取り合いをしてけんかし、協力しないように追い込んでいます。

悲しいことですが、それが自衛隊の現状です。

慢性的な人員不足

海上自衛隊は陸上自衛隊の兵員が潤沢だと思いこんでいます。防衛省・自衛隊のサイトによると、

陸上自衛隊　一三万八〇〇〇人
海上自衛隊　四万三〇〇〇人
航空自衛隊　四万三〇〇〇人
（二〇二〇年現在。防衛省・自衛隊ＨＰ　https://www.mod.go.jp/j/profile/mod_sdf/kousei/ より千人以下四捨五入）

たしかに海や空より陸のほうが多いですが、それは当たり前。

世界基準では、自国本土が有事になったときに、陸軍だけで人口の一％を超えるのが普通です。日本は人口が一億二〇〇〇万人を超えているのですから、有事動員力が陸だけで一三〇万人が最低という計算になる。それがないということが異常だという認識を持ってもらいたいものです。

現在の自衛隊は陸・海・空あわせて二〇数万人ですが、それに慣れてしまうと、増員を考える場合にも、数千人増員できるかどうかで大騒ぎになり、そこが相場に見えてしまう。それではいけません。もちろん自衛官をいきなり一〇〇万人にしろと言っているのではありません。正しい相場観を持って論ずること、そして予備役も含めた根本的な体制づくりが肝心だと言いたいのです。

それから、多くの自衛隊員は人員の充足率を一〇〇％に近いところまで高めたいと言っています。それは間違った考えです。過充足を目指すべきです。充足率一〇〇％を数％上回るくらいが正常な状態だと考えるようになってもらいたいものです。

人員不足ならば先ず給与を引き上げ退職後の処遇を改善することを考えれば良いでしょう。基本給は他の公務員との横並びで引き上げにくいのかも知れませんが、各種手当ては自衛隊独特のものですから自在に引き上げられます。

虐げられてきた自衛官

現場の自衛官はまじめな人たちです。予算削減のあおりを受けてトイレットペーパーの利用にも制約があるとか（小笠原理恵『自衛隊員は基地のトイレットペーパーを「自腹」で買う』扶桑社新書、二〇一九年）。この「トイレットペーパー問題」は、あまりにもインパクトが強く、国会で質問されたりしているぐらいですから、現在は改善しているのでしょうが、基本的な体質は今も変わりません。

空腹のため、つい給食を多めに食べたので懲戒処分になった佐官や引越し費用が足りなくてサラ金から借りた自衛官もいます。

ひどいのは、二〇一一年の東日本大震災のときのことです。災害派遣で出動した陸上自衛官が、ひとりあたり何万円、一説には多い人は二〇万円も自腹を切って装備を買っていったそうです。

そんなことに公費が出ないとは、あきらかに異常です。

予算不足から地方軍閥化したインドネシア

戦前の日本軍の悪いところに、教条化した「員数あわせ」がありました。靴下や下着のような消耗品でも必ず帳簿上の数がそろっていなければならない。そこまでは良いのですが、不足していると現場に責任が押しつけられました。末端の兵隊さんがパワハラ懲罰の対象にされました。そこで、他の部隊に盗みに行くことが是とされていました。味方の部隊から盗んででも員数をあわせ、それで自分の部隊は規律がとれていると見なす、そんな風潮です。何が本当の規律なのかが見えなくなり、しかもこれを軍紀の崩壊だと認識できなくなっていたのです。

しかし軍事組織が戦地で使うモノは基本的に消耗品です。正直に申告して減耗を帳簿に記録し、そして新品を受領できるようにしなくてはなりません。そんなことに問責や懲罰があってはいけません。

帳簿管理の手間を煩雑にし過ぎないためには、単純な消耗品は員数より少し多めに支給すれば良いのです。ベトナム戦争のときアメリカ軍は、補給品を必ず少し多めに送っていたそうです。たとえば携行口糧（レーション）でも下着でも、「一〇〇個入り」と書かれた箱には三個くらい多めに入れていたようです。つまりわずかな減耗ならばいちいち帳簿に登録する必要もないようにして現場に過剰な負担がかからないようにしたのです。そこまでは良いのですが、行き過ぎだったのは自動小銃すら多めに送ったことです。それを兵站担当の下士官が闇市で売って小銭を稼ぎ、その銃が敵に渡ってしまったというのは笑えません。

現在、自衛隊員の自費調達が横行しています。戦闘服も、そして下着や靴下も、官給品だけでは洗濯した後で乾くのを待っていられないからと、駐屯地や基地内の売店で買ったもので補っています。それから、小銃のスリング（吊紐）の具合が宜しくないと、エアガン店や通信販売などで買って使っている隊員もいると聞きます。

自衛隊の窮状を見て、「自衛隊に寄付したい」という善意の市民・国民が大勢いるようです。ちなみに戦前、東京朝日新聞社は陸海軍への兵器等の献納キャンペーンで大活躍していました。読売新聞社は上海海軍陸戦隊の使う戦車を献納しました。取材の便宜を期待したのでしょうか。しかし、これは本末転倒で、あるまじきことなのです。必要な経費はすべて国家予算で確保しなくてはなりません。

かつてインドネシア陸軍は軍事費不足から、兵員の給料や食料を賄えませんでした。それで地元の有力者が支援しました。すると軍隊は、お金を出してくれる地元豪族の言うことを聞かざるを得なくなります。結局、インドネシア陸軍は地方軍閥化してしまいました。

軍隊を地方軍閥化させないためには、すべて国費で賄わなければいけない。軍隊が地方の有力者に忖度するようになったら、国軍の指揮系統が揺らぎます。平安時代が壊れていった原因の一つも、それです。

自衛隊員に公務のために自腹を切らせたり、ひもじい思いをさせたりしてはいけません。

むかし、警察予備隊から初期自衛隊の時代には、一番下の一士、二士でも給料の一部を実家に仕送りしていたものです。それが今はどうでしょうか。多くの一士、二士が実家から仕送りを受けています。それは、いくらなんでもおかしいことです。

志願制か義務兵役制は政策論であって憲法論ではない

関連して、義務兵役制度の問題についても書きます。知識として知っておいてもらいたいことです。

現在の日本には徴兵制がありません。外国でも徴兵制のある国とない国がありますが、どちらにするかは政策論です。施行や廃止には法律改正が必要な国が多いと思いますが、国によっては行政府による行政命令だけで決められる。しかし日本の場合だけは、これが憲法論なのです。

戦後、長らく学会の多数が徴兵制を憲法が禁じる「苦役」に該当するとして徴兵制違憲説をとっていました。

そして日本国政府が徴兵制違憲説を正式に表明したのは一九七〇年一〇月二八日の内閣法制局による公式見解です。「憲法の禁じる苦役にあたる」というのです。

私はここで徴兵制を復活させるべきかどうかを論じているわけではありません。少なくとも憲法典条文の改正なしにできるとは思っていません。それに、人権（平時規範）と人道（非常時規範）の区別もつかない憲法学者や実務家が主流の状況での改憲は、益より害が多いと思っています。

ただ、諸外国でも徴兵制をなくしている国が増えていることをもって日本流が国際標準だと思ってもらっては困るのです。「徴兵制がない」のは同じでも、根底の理念が違う。徴兵を「苦役」と規定している国は日本のほかにどこにもありません。国防への参与を国民の義務であると憲法で規定している国も多い。そして義務兵役を施行していない国でも、民間人を軍属として徴用することは否定していないのです。

なお、義務兵役制度を施行している国で珍しくない良心的兵役忌避という制度について少し書きます。ここでいう「良心的」とは、非暴力主義の宗教（ジャイナ教や、キリスト教フレンド派：クウェーカーとも呼ばれるなど）または非暴力イデオロギーの信奉者であることを意味します。「殺さない権利」を認める人道上の制度です。通常、兵役の代替役務として人道活動（消防などの民間防衛、福祉役務など）への従事が義務づけられます。完全な非軍事活動を割り当てる国もあれば、軍隊の中の医療部隊のように任務に殺傷が伴わない部隊への配属を決める国もあります。国によって違いもあるでしょうが、徴兵検査の際に試験官が入隊候補者に「君はたとえ自分の愛する人が目の前で惨殺されるような状況でも、たとえ刑法上正当防衛が成立する状況でも暴力的手段に訴えないと宣誓できるか」と質問します。そのとき非暴力主義の宣誓をした者にだけ良心的兵役忌避権が認められるわけです。宣誓には刑事裁判での証拠能力があります。もし宣誓後に過去の暴力事件が露見したり、その後に何らかの暴力事件を起こせば、非暴力主義者であるという宣誓は虚偽宣誓であると認定され、刑事罰を科されます。

ともあれ徴兵制に反対の人でも、他の国では志願制にするか義務制にするかは単なる政策論に過ぎないのだということは知っておくべきです。

ところで、憲法学にもいろいろあって、「比較憲法学」という諸外国の憲法と比較する学問に携わる研究者はそのようなバカなことは言いません。

特別鼎談

防衛力を高める〝日本列島改造〟が一冊でわかる！

江崎道朗・倉山満・樋口恒晴

国防を防衛省・自衛隊に丸投げしていいのか

倉山　樋口先生、ご執筆、お疲れ様でした。江崎先生、お越し下さりありがとうございます。樋口先生の力作、いかがでしたか。

江崎　いやあ、細かいところまで突っ込んだ議論をされてますよね。さっそく質問なんですが、この本では軍事的に重要だけれども一般的に盲点となる項目について書かれていますよね。これを理解できる日本人は今どのくらいいるんですか。

樋口　私もよくわかりません。専門家なら、それぞれの専門分野について細かいところまでわかっているでしょうけれど、分野横断的に理解している人は、あまりいないと思います。

倉山　いろいろな論点が指摘されていますが、一番の問題は安全保障や防衛の問題を防衛省と自衛隊に丸投げしてきたことでしょうか。それでいて文句だけ言う人が多い。

江崎　でも、防衛省・自衛隊だけで国防なんて、できるわけがないですからね。道路や飛行場、港なら国交省、通信・電波なら総務省、負傷者対応なら厚労省と、本当なら各省にかかってくる問題です。なのに総務省許可がなければ、自衛隊独自の通信回線も確保できない、これではまともに戦うことなんて無理です。

倉山　それをどうにかするためにも、国民がまず賢くならなくちゃいけない。この本を読めば、適切な批判と提言ができるようになりますよね。

ゼネコンの指導書・工程表

江崎　世界と一緒にやっていくためにも、安全保障上のインフラは大事なんです。安保法制の、とくに「集団的自衛権の一部行使」容認によって、諸外国の軍隊との共同訓練の機会が増えました。つい最近も、イギリスの空母クイーン・エリザベスが来航しています。今では日常的に九州を中心にアメリカ軍はもちろんのこと、フランス軍、オランダ軍、オーストラリア軍、カナダ軍、ニュージーランド軍と頻繁に軍事訓練を行っています。当然、港や飛行場を使います。すると、各国の軍関係者とのやりとりで、港や飛行場や周辺の道路に問題があることが明らかになってきた。使い勝手のいいように整備しなければならないことは、防衛省サイド、とくに現場では切実な問題なんです。この本は、この現場の実感を理論化・体系化していると言えるでしょう。

樋口　ありがとうございます。そう言っていただけると著者としても嬉しい限りです。諸外国では、そういうインフラは軍民両用で規格を考えますが、日本はそうではありませんでした。しかも、日本独自の規格は小さすぎて、軍事合理性以前に、諸外国との民間の通商においてもハンデになってしまっている。そこも問題なんです。

江崎　防衛予算、正確に言えば防衛力整備経費は今後五年間に四三兆円も投入され、弾薬などの補充や防衛装備品の維持・整備、そして防衛施設の強靭化などで一五兆円近くが計上されることになりました。政府は、都道府県などが所管する民間空港や港湾を自衛隊が平時からより活用できるようにするため、防衛省や国土交通省、内閣府で構成する省庁横断型の協議会を発足させる方針です。民間空港や港湾の整備費用を防衛予算として計上する代わりに、自衛隊が平時から飛行場や港湾を使えるようにしてね、ということです。実際、自衛隊の戦闘機や軍艦が民間飛行場や港湾を使えるようになるためには、それなりの整備・改修が必要ですからね。その整備・改修や自衛隊の施設の強靭化のためにこの五年間で約四兆円計上しています。ゼネコンは目の色を変えていると思いますよ。

樋口　今までやってきませんでしたから相当なものになるでしょうね。

江崎　国交省は防衛省が嫌いで、いつもなにかと妨害したがりますが、四兆円もの仕事の発注をすることから、今回は「防衛省、憎し」より「金、愛し」のほうが勝ちました。

この五年間で港や飛行場が、どんどん整備されていくことでしょう。それはいいことですが、整備するにあたっては樋口先生のご提案をぜひ考慮に入れてもらいたいものです。軍事的に使える港湾や飛行場にするためにはどのような規格を採用したらいいのか、その基本的な仕様書として使えるのがこの本です。

ある意味、軍事転用できる港湾や飛行場を整備するにあたって、どう考えていいのかわからないゼネコンの人たちに基本的なことについて指導する書（笑）。

倉山　ゼネコンから樋口さんに講演依頼が殺到するかもしれませんね（笑）。

江崎　ゼネコンはもちろん、ゼネコンに仕事を発注する防衛省だって、これまで飛行場、ましてや民間飛行場の整備のことなどあまり考えたことがないわけですよ。そんなことは触れてはいけないテーマでしたから。だから、いきなり予算がついても、どう考えていいか、わからない。

樋口　そういう人たちに参考にしてもらえるとうれしいですね。

江崎　どうせ港湾や飛行場、そして、その周辺道路を整備するのなら、この本に基づいてやれってことですよね。

倉山　防衛予算をつけるというのは必要条件なんですよね。それを、ちゃんと使うというのが十分条件。リベラルは「使い道も決めないで、金額だけ言われても困る」と反対論を唱えていますが、十分条件で必要条件を批判する議論はできないはずです。

江崎　まったくです。

もう一つ、この本の読みどころは、防衛力整備のロジックを明確に描いているところだと思います。産経新聞に安全保障体制に関する連載記事があり、「基盤的防衛力整備に関して脅威対抗型にするのはいいが、どう防衛力整備するのか、そのロジックがない」と書いてありました。しかし、この本は、そのロジックを提供してくれているのです。その意味で、防衛省・国交省・総務省・官邸の全員、そして、日本の防衛を立て直したいと思う人みんなが読まなきゃいけない。

これから日本が防衛力を高めるために進むべき方向性、そのために必要な考え方、そして何より軍事的合理性に基づいて脅威対抗型の防衛組織・施設の整備をしていくにあたっての具体的な工程表ですよ、この本は。

樋口　武器オタの好きそうな正面装備についてはほとんど何も書いてないので、ちょっと気にしているんですが。

江崎　そんなの類書がたくさんあります。大事なのはやっぱりロジスティクス、兵站です。そして、兵站に関わるバックグラウンドのほうが各省庁に関わる問題です。

正面装備だけで自衛隊が戦えるものではありません。前線を支える兵站があってこそ、軍隊というものが戦えるようになるのです。戦うための基盤づくりのために、どういうものの考え方をしたらいいのかが、この本に書いてある。

「軍事の素人は作戦を語り プロは兵站を語る」とは有名な言葉です。本当の軍事を語りたい人にぜひとも読んでもらいたいですね。

樋口　私の関心事は兵站にあり、本書でも主に部隊を支えるバックグラウンドについて書いたんです。

倉山　政治家の先生方に、この本に基づいて国会や自民党の部会で質問してもらいたいですね。けっこう各論でもいろいろ言えそうですよ。防衛費に予算がつきましたが、具体的な金額はほとんど決まっていませんからね。

江崎　まだ大枠しか決まってないので、中身はこれから埋めていくことになります。その中身を具体的に決めるにあたっての仕様書として、この本が最適です。

樋口　そうなってくれると執筆したかいがあります。その際、用地買収のような地味な用途に関係者が目を向けてくれるといいんですが。

倉山　具体的な優先順位が決まってないんですよね。本文中にもありますが、今までは低予算すぎて、自衛隊内で陸・海・空が互いに相争う共食いをさせられていました。この本は、そんな不毛な共食いをさせないために大枠を確保するマニュアルでもありますね。

江崎　発注する防衛省側にとっても、発注を受けるゼネコン側にとっても必携の本ですよ。特定施設利用法の法律に基づいて港などを整備するためにはどうしたらいいのか、再重点項目が並んでいるんだから。何度も言いますけど、防衛省、ゼネコン、国交省の関係者の必読書！

樋口　すごく褒めていただいて恐縮です。また、港湾に関しては、もし私の提案のようにしていただければ、港湾の整備の遅れと国際競争力の遅れを取り戻す手段にもなると思います。

江崎　そうですよね。軍事合理性を持った規格に合わせて港湾などを整備することは、日本の国際的輸送力を強化することにもなる。いい話じゃないですか。

倉山　これまで公共事業と軍事合理性があたかも対立するかのように語られることが多かったですが、実は、そうじゃないんだということですね。

怖いもの知らずの岸田政権

樋口　本文にも書いてあることですが、単に施設を軍事目的に使えるようにルールを変えればいいというだけじゃなくて、平素から滑走路のアスファルトをコンクリート舗装に直しておくなど、いろいろと準備が必要です。

江崎　以前は、飛行場の整備に際して、防衛省・自衛隊はどこをどのように強化すべきなのかなど事前のチェックさえもさせてもらえませんでした。しかし今回、官邸主導で国交省と防衛省の協議会を作って、なおかつ今回、防衛予算の中に港湾整備そのほかの予算をつけることに岸田政権は踏み切ったわけですが、岸田政権は安倍・菅内閣でもできなかったことをどんどんやっちゃってる。

サイバーセキュリティー上のアクティブディフェンスの話にしても、これまではできないとされていたのに、憲法解釈のことなど何も触らずに、突然「可能だ」としてしまった。

倉山　行政としてはメチャクチャだけれども政治としては正しい。

江崎　どうも「無知ほど怖いものはない」というか「知らぬが仏」というか、いろいろな経緯を知らないことが幸いしているみたいです。「行政のこれまでの経緯なんか知ったことか」と言って突破することは大事です。最初はびっくりしたんですけど、これも結果オーライでアリかな、と思い始めています。

倉山　行政は継続性が必要ですが、政治というのはそうじゃありませんからね。

江崎　火急かつ重要なことは政治の決断でどんどん進めてしまえばいいんです。政治の側がそういう蛮勇をふるうような推進力を持つことが必要ですよね。

倉山　今までのような防衛行政だけがあって防衛政策（思想）がない戦後政治からの脱却をしなくちゃいけません！

財務省に予算を削らせないための牽制の書

江崎　最近、自衛隊の関係者と話したことがあって、「陸軍というのは最終的にはパワーだ」と言っていました。

樋口　占領力ですよね。

江崎　サイバー攻撃や、それに対する防御、または破壊力のあるミサイルが注目を集めることが多いですが、最終的な決定打はやはり陸軍力なのです。戦車などがもつ打撃力というのか、そういうパワーを軽視されがちなのは問題だと思っています。

樋口　そうですね。重装備部隊がなければ反転攻勢できない。一度取られたところは取り返せません。しかも、重装備部隊というのは軽装備部隊のように細切れにできなくて、どうしても四〇〇〇人以上の旅団でまとまって行動しないといけない。本文で書いたので、ここで詳しくは述べませんが、重装備部隊がいらないなんてことは絶対にないし、持つ場合には、一定以上に小さくすることはできない性質のものです。

江崎　そうですね。重装備部隊を空洞化させていこうという議論がありますが、それは間違っています。ウクライナ戦においてサイバー戦にも注目が集まりました。たしかに「ハイブリッド戦争」の時代と言われ、サイバー対策は重要です。でも、最終的に勝敗を決めるのはパワーなのです。サイバーだけで相手を打ち負かすことはできない。それもまた今回のウクライナ戦争で再度、教訓化すべき点です。我々は、この辺も戦訓抽出して、しっかり分析するべきです。「サイバー戦」「電子戦」など新しい装備や用語が出て来ても本質を見誤ってはいけないと思います。

樋口　技術革新があると、それに目を奪われてしまって、それ以前から続いているものが見えなくなってしまう人が多いですね。

江崎　新しいものに飛びついちゃってね。

樋口　新しい物というのは、今までにあったものと組み合わせて、いかに運用されるかで、その全体の組織の中に定着していきます。そうやって歴史が積み上がっていくんです。

倉山　防衛費増額のために増税という流れになっていますが、財務省は最初から防衛費増額は認めるつもりでした。彼らとしては一兆円増税が決まれば御の字だったんです。最初からそこを狙っていたわけですよね。

樋口　アメリカから防衛努力を求められた時には財務省は拒否権を行使できなくなる。

倉山　今回も、その法則が見事に当てはまりました。そして、とりあえず防衛費増額を認めた財務省ですが、今後、どうやって削ってやろうかと手ぐすね引いているに違いありません。予算の使い方について細かな点をつついてきたり、場合によっては、マスコミを使って騒ぐかもしれません。本書は、譲れない一線を提示し、国防予算を削らせないためのマニュアルでもあります。「時は流れない。それは積み重なる（Time does not flow. It accumulates from moment to moment)」（一九九一年のサントリー「クレスト12年」ＣＭコピー）のような歴史観を持ちたいものです。

江崎　そうですね。

倉山　アメリカと国際公約したのだから、財務省もどうしようもないと、はしゃいでいた人も多いですが、そう甘くはない。敵財務省は、そんなことは読んでいました。奴らの狙いは一兆円増税。しかし、こちらもタダでは引っ込まない。この本で理論武装して撃ち返してやりましょう。

樋口　それで景気が良くなれば増税も必要なくなりますね。

倉山　原敬vs.桂太郎で結局のところ原が勝ってしまった鉄道広軌化問題以来の宿痾を解決する本です！　樋口先生、江崎先生、今日はありがとうございました。

【著者】
樋口恒晴（ひぐち・つねはる）
常磐大学教授
昭和39（1964）年東京都生まれ。筑波大学博士課程社会科学研究科単位取得退学。常磐大学国際学部専任講師を経て現在同学部教授。博覧強記な知識と緻密な分析力で国際関係論という巨視的な視点から外交・軍事・防衛、国内政治を多角的に論じる。著書に『平和という病』（ビジネス社）、『幻の防衛道路』（かや書房）など。

編集協力／徳岡知和子（倉山工房）

日本の死角～なぜこの国の防衛基盤はかくも脆弱なのか

2023年2月13日　第1刷発行

著　者　樋口　恒晴
発行者　唐津　隆
発行所　株式会社ビジネス社
〒162－0805　東京都新宿区矢来町114番地　神楽坂高橋ビル5F
電話　03－5227－1602　FAX 03－5227－1603
URL　https://www.business-sha.co.jp/

〈カバーデザイン〉大谷昌稔
〈本文DTP〉メディアネット
〈印刷・製本〉モリモト印刷株式会社
〈編集担当〉佐藤春生　〈営業担当〉山口健志

ISBN978-4-8284-2489-7